湛庐CHEERS

与最聪明的人共同进化

HERE COMES EVERYBODY

CHEERS
湛庐

更好的初老人生

定年をどう
生きるか

[日]岸见一郎 著
蔡鸣雁 译

浙江科学技术出版社·杭州

测一测

如何应对人生后半程的变化？

扫码加入书架
领取阅读激励

扫码获取全部
测试题及答案，
一起探究初老人生的意义

- **人生可以比喻为以下哪种运动？**

  A. 直线运动

  B. 环形运动

- **岸见一郎认为，人们在退休后身体垮掉的最主要原因是什么？**

  A. 金钱问题

  B. 健康管理不利

  C. 社交频率减少

  D. 认为自己失去了人生价值

- **什么样的人在退休后可能有更好的归属感？**

  A. 从不休假，一门心思工作的人

  B. 对上司的指令言听计从的人

  C. 不放过上司不当行为的人

  D. 在公司擅于左右逢源的人

扫描左侧二维码查看本书更多测试题

重新思考人为什么活着

临近花甲之年时，我有时会去参加高中同学聚会。聚会上每个人都要发言，有人长篇累牍，也有人思想极为保守，令我感到惊诧。大家会谈论儿孙或者怎么消除代谢综合征[①]之类的事，当然，退休后的初老人生也是我们必然会谈及的话题。

如今这个时代已不再是“人生五十年”[②]了，很多人就

① 指人体的蛋白质、脂肪、碳水化合物等物质发生代谢紊乱的综合征，包括肥胖、血脂代谢异常、高血糖、高血压等症状。——编者注

② 源自日本传统武士题材的舞台剧“幸若舞”中的台词，意指人生在世短短五十年，后来多用于表达“人生短暂、世事无常”之意。——译者注

算六十岁退休，之后可能还要过二十多年的人生。人就算二十岁开始工作也得干四十年，而且在日本，很多人六十岁以后依然需要继续工作很长一段时间。

我的父亲五十五岁那年退休，等我自己到了这个年纪时，才吃惊地发现父亲居然那么年轻就退休了。不过他并未从退休时就停止工作，而是又继续干了十年。但我想即便如此，父亲仍会强烈地意识到五十五岁是人生的一个拐点。

如果今后人的平均寿命继续延长，那么人们对于“老”的意识大概也会不断发生变化，对退休的认知和人生的设计方案或许也会随之做出改变。

说到底，之前我还是按照常规想法探讨初老和退休话题的。但假如大多数人坚信幸福的老年生活指日可待，对退休后的生活没有任何顾虑，“退休”大概也不会这么频繁地被拿来谈论了吧。无论是谁，迟早都会有无法工作的那一天。为了在退休后过上更好的初老人生，并仍能对人生抱有希望，我们不仅需要重新考虑关于退休的问题，还需要重新修正对人生的普遍性认知。

平均寿命与我并没有直接的关系。平均寿命只是人们对自己今后能活多久的一个大致参考（说完全没有关系也有点言过其实，但毕竟不是每个人都能活到平均寿命的，我自己也有早亡的可能）。没有谁能知晓自己是否会长寿，事实上，我的好几个同龄朋友就早已驾鹤西归了。每年同学聚会时，我们都会为在这一年离世而未能到来的同学默哀。

2019 年，日本有种说法叫“人生百年”，而 2015 年我出版的书中写的还是“人生八十年”。人类的寿命自然不可能在短短数年间延长二十年，但反复听到“人生百年”这种说法，许多人就会在不知不觉中笃信自己可能也会那样长寿。

我五十岁的时候因心肌梗死病倒过，假如那时候我死了，大概会被当成英年早逝吧。人很有可能在年轻时就因疾病或突发事故失去生命，所以以退休后能长寿为前提来思考未来的人生，抑或是开始准备自己的后事，或许都没有什么意义。然而，也有人认为自己很有可能长寿，如果不提前做好规划，届时就会不知所措。

其实，我们很难说退休后的初老人生是否会有异于从前。生活不会以退休为分界点发生激变，也没有谁会以某个被标记好的特殊日子为节点抽身而退，不再工作。

有人退休后会以返聘的方式在同一家公司继续工作，国家政策的导向也是要将退休年龄延后。实际上，如果从广义上理解“工作”的话，就算某一天不再继续上班，也没有谁会真正放下“工作”。从这个意义上说，退休后的日子和从前的日子区别不大，也没有什么特别的意味。

我曾经因高考失利复读过一年，那时候我隔着窗户远远望着学生去上学，哀叹自己已经失去了归属。

希望归属于某个“共同体”① 可以说是人的基本需求，这个共同体未必仅指学校或公司。斯多葛学派的哲学家曾经说：“每个人都是‘世界公民’。”人属于世界，再进一步说，人属于宇宙。从这个角度看，没有归属的人是不存在的。

不过有人或许会对我说，我年少时的复读生活和退休后的初老人生根本不能相提并论。他们之所以会这样说，

① 指在共同需要的基础上，基于保护各自收益的考虑，国家之间、地区之间、企业之间或个人之间，在资源供求上相互依存的利益团体。——编者注

是因为考虑到了退休后与年轻时不同，退休之人不仅不会对未来的人生满怀憧憬，还必须直面老去的现实。的确，上了年纪以后人就不能再像年轻时那样做许多事情了，所以很多人会认为老年时期的人生价值比不上其他阶段。但实际上，我们并不能断言人在步入老年之后就失去了希望。

本书从退休为何令人担忧这个问题切入，进一步探讨了迎接退休后的初老人生需要做好哪些准备。

说到退休后的准备，大概有不少人会想到金钱和健康问题。当然了，这些的确是保障生存所不能回避的问题。但除此之外，我们还必须思考“人为什么活着”以及“应该怎样活着”。

如果说本书和其他探讨退休问题的书有什么区别，那就是我要考察的是“人为什么活着”以及“应该怎样活着”这两个哲学性的命题。我在书里援引了柏拉图、马可·奥勒留、三木清等先哲的话语，又因为奥地利精神病学家、心理学家阿尔弗雷德·阿德勒关于人际关系的思考在今天依然可行，所以本书中的观点还尤其多地以他的思想作为依据。

目录

第2章 如何为初老人生做好准备 033

第3章 重新思考工作的意义 075

第4章 如何看待新的人际关系 111

第5章 为了现在的幸福 133

第6章 今后的生活方式 155

定年をどう生きるか

第 1 章

衰老为何令人不安

初老人生无法做到某些事并不意味着我们比年轻时衰弱，我们完全可以换一种方式发挥自己的作用。

第 1 章
衰老为何令人不安

令人担忧的并非只有金钱和健康

我的父亲生于昭和[①]初年，他在一家公司一直工作到退休。父亲并不期待退休之后过上奢华的生活，所以退休后他虽称不上闲云野鹤、悠然自得，但领到的退休金足以保证他衣食无虞。问题在于，在当今的日本社会，并非人人都能领到丰足的退休金，为钱担忧的恐怕依然大有人在。

---

① 日本昭和时期是指 1926 年 12 月 25 日至 1989 年 1 月 7 日。昭和初年是 1927 年。——编者注

日本政府提出建设“一亿活跃社会”[1]的口号，试图推行“七十岁就业义务化”法案，其目的不过是提高退休金起征的年龄罢了。但这种政策真能有效驱动人们去工作吗？毕竟自己愿意工作和不得不工作是两回事。

工作意义、人生价值之类的东西本就不该自上而下地强加于人，而应该由每个人自己去探寻。那么，退休后没有衣食之虞和生活之忧是否就意味着没有退休的烦恼呢？答案是否定的。但是，相对于追求人生价值，更多的人应该还是在金钱方面更伤脑筋吧？

如果有的人因为退休金不足以支持生活开销而忧心忡忡，或者更有甚者，每天都在为生计发愁，那么他们也就无暇思考退休后如何拥有幸福的人生了吧。毕竟，令人困惑的并非以后，而是现在。从这个角度看，有没有钱依然是十分重要的问题。

但是问题不仅在于钱。有人认为只要有了钱，就可以

① 又称“一亿总活跃社会”，是2015年日本首相推行的招牌经济政策，目的在于充实社保和促进经济复苏，推出后受到了日本国内各方的质疑。——译者注

获得幸福。对这类人而言，当他们无法在退休后获得令自己满意的收入，却又不得不面对现实时，往后的人生就可能会变得不幸。

实际上，即便是人年轻的时候，金钱也并不能解决所有问题。总有人会认为自己之所以不幸都是因为钱，没钱是造成不幸的罪魁祸首。这种心理用阿德勒的话来说就是“自卑情结”。拥有自卑情结的人往往相信自己的不幸是没钱造成的，所以他们容易从一开始就放弃挑战本来可以做到的事情。

没有钱又能做成什么事呢？假如有人这样质问我，我自然也很难做出回答，可能这恰恰成了我也有自卑情结的佐证。

此外，随着年岁渐长，我们自然还会担心自己的健康问题。我父亲退休之后搬离东京独自生活，那段时间他经常打电话给我。他总在电话里诉说对健康的担忧，话题总离不开自己去医院啦，医生又告诉他什么疾病名称啦，给他开了什么药啦，间或也会提到和主治医生发生争执之类的事。如果我们住得近，他生病时或许我可以陪同就诊，但我们相隔甚远，陪同就诊并不现实。

和金钱问题一样，身体健康与否也是人退休之后面临的重要人生问题，年轻时亦是如此。或许有人曾有这样的经历：身体健康时畅想的种种人生规划，在生病后便瞬间土崩瓦解了。

我母亲就曾经对我说："等你们都长大了，我就和你们的爸爸一起去旅行。"然而，母亲在四十九岁那年因脑梗死病倒，旅行计划也因此搁置了。当时早已"长大"的我不无遗憾地想，假如母亲有这个念头时能立即付诸行动该多好，不过她当时大概也有自己的顾虑吧。

很多人认为，人年轻时即使生病也会很快康复，回归到原先的生活中去。有一次网上的一则医院广告，着实令我吃惊不已。广告上说：如果你周末住院做心脏搭桥手术，下周一就能上班。

前面也提到过，我在五十岁的时候因心肌梗死病倒过，所以我认为周末手术，下周一就能若无其事地上班这种情况根本没有可能。

这也是我会感到吃惊的理由。我想，看了这则广告，会不会真的有人会认为如果手术进展顺利，就能像从前一样工作，完全不必改变工作方式呢？当然了，这么着急复工或许也并非出于其本人的意愿，而是因为有的职业环境不允许长时间休假。如果是这种情况，大概其本人想休息也无能为力吧。

以我为例，我在因心肌梗死住进医院时曾对学校的管理人员说自己一个月之后就可以恢复工作。当时，我是学校外聘的教师，所以当我食言、无法返岗时，很快就遭到了解聘。对于一名休病假一个月还无法上课的老师，站在学校立场上想，解聘也是一种无奈之举吧？对合同制员工或自由职业者来说，一旦生病可能就意味着失去工作，尽管这并非他们所愿。

正因为存在这样的情况，有人对工作单位隐瞒病情也就没什么好奇怪的了。比如，有位作家在罹患癌症之后就选择了对出版社隐瞒病情，他不希望自己沦为“没戏了的人”。

我自己也是如此。住院期间我收到了出版社的排版校对稿，那是我住院之前花了大量时间写成的书稿。本来，正常操作是，我马上联系编辑，告知对方我住院一事，但实际情况是，我隐瞒了病情，试图严格遵守身为作者的校对期限。

现在想想，如果我告知编辑自己因病住院一事，他可能会同意延期书稿的校对工作，并妥善安排后续工作，除此之外，并不会有很严重的影响。但这只是我现在的想法，当时我担心一旦如实告知，日后可能再也不会收到那家出版社的约稿了。

作为外聘教师，我总担心自己会被人取而代之，但出版社总不至于因为我生了病就找其他人写一本一模一样的书吧？如今想来，能写成这本书的人非我莫属，所以我明明可以硬气一点的。可是我当时却因为住院脆弱到那般地步，根本无法做到硬气。

再回到“周末手术，下周一就能上班”这个话题上。假如真有人那样做，那他可能还需要隐瞒自己住院做手术一事。因为如果这个人在公司里上班，那么他大概率很难请假接受治疗，而且恢复后还要每天去本来就压力重重的公司上班，仅这一点想想就让人苦不堪言。

我记起自己住院时，有位护士曾对我说:“很多人以为自己这次治好了就没事了，其实不然。您还这么年轻，一定要努力健康地生活啊。”的确，就算病治好了，如果接下来不改变工作和生活方式，一心以为病好了就万事大吉，那么日后很可能还会重蹈覆辙。

无论如何，人在年轻时即便患上生死攸关的大病，大概也能以对待感冒的心态淡然处之，但等到年岁渐长，大概就做不到如此超然了。

与金钱一样，在健康问题上我们也必须明白，并非拥有健康就能获得幸福的生活。无论生病与否，退休后的我们都很难再像年轻时那样自由自在地生活了。既然如此，是不是退休后幸福就与我们无缘了呢？答案当然是否定的。

我们必须谨慎应对金钱与健康问题，但是关于退休，我们要担忧的却不仅限于此二者。换句话说，相比金钱和健康，还有更值得我们思考的重要问题。

一退休就病倒的人

有人刚一退休就会颓然老去，身体也随之轰然垮塌。

生活节奏的剧变是造成这种现象的原因之一，毕竟退休之后就不必一大早定点起床，也不必坐地铁去上班了。起得再晚也只有家人会指责自己，而只要对家人的冷言冷语置若罔闻，便可以每天都过得逍遥自在。

理论上，退休的人可以每天随心所欲地生活，实际上却根本不是这样。对家人的冷言冷语置若罔闻这一点就很难做到。即便家人不蛮横地指责，很多退休的人也会产生莫名的压力，从而很难接受这种无拘无束、自由自在的生活。

有人做过统计，退休之后的自由时间会比退休之前的工作时间更长。但在有些人看来，自己决定每天怎样生活与其说是自由，倒不如说更像是一种惩罚。

人际关系也会在退休以后发生变化。退休之后，以工作为媒介的联系大多会随之消失，新的人际关系却又无法马上建立起来，这是一个十分严重的问题。比如，遇到邻居需要打招呼或交谈时，很多退休的人就不知道自己该说些什么。

就算不必外出，与伴侣开启新的关系也是项挑战。退休前定点离家上班的人退休后要在家里度过绝大部分时间，这一定会给亲密关系带来影响。

“退休居家之后，妻子居然想管着我，我该怎么办？”曾经就有人向我咨询过这个问题。其实妻子们也有她们的困惑吧？她们也不清楚应该怎样与居家的丈夫相处。妻子们希望自己能保持以前的生活状态，但这个愿望很难实现。比如，有的妻子想外出时，丈夫也要跟着去，这让她们适应不了。再比如，有的妻子习惯了自己一个人在家，午饭随便吃点想吃的东西，现在却需要耐着性子询问丈夫的想法。

退休之前常年不在家吃午饭的丈夫突然从早到晚都要待在家里，也许会让妻子们认为是丈夫一头闯进了自己的生活，是丈夫让从前自己一直享受的自由受到了侵害。

也许妻子们会认为，如果满足丈夫的意愿就无法按照自己的方式生活了，所以才会试图事无巨细地对丈夫的生活进行指导。但丈夫们并不会乖乖听命于妻子，他们或许会做出反抗，见到孩子也有可能还想说教一番。

存在感和归属感可以说是人的基本欲望和诉求，但是许多人似乎并不明白如何才能找到它们。有人试图通过故意招人反感的方式找到自己在家中的位置，可这只会让他变成一个越发令人敬而远之的尴尬存在。

退休之后，很多人不仅会经历这种人际关系上的变化，还有可能出现更为严重的问题。很多人在退休后身体垮掉的最主要原因就是认为自己已经失去了人生价值。

在有的公司里，职位高低基本等同于个人价值的高低。这样一来，有人在退休以后，很自然地会认为自己不再具有价值。

在日本，长期在公司工作的人一旦退离一线很可能就会骤然衰老。就算他们接下来打算开启逍遥自在的老年生活，把工作转给了年轻人，也常常会因无事可做而产生不再被人需要的失落感。对于不再活跃在一线的人而言，当初的紧张感不复存在了，每天无所事事会让他们产生罪恶感。对于很多大半生都终日忙得不可开交的人来说，这种现实是难以接受的。

其实，退休后所谓的无所事事也并非真正意义上的无事可做，这就引出我们即将讨论的下一问题：如何正确看待衰老？

对衰老的认知

正如我在前文所提及的那样，通常，人们认为退休之后面临的就是老去。但是事实上，这些年人们已经开始将退休与老去这两个问题分而论之了。

我父母那代人的平均寿命不像现在这么长，五十五岁退休之后很少有人能活得太久。但现在不同了，多数人退休之后的人生还很长，身体也会长时间保持健康，所以退休不再等于就此老去。

但如果你因此认为自己和父母当年退休时不一样了，认为自己和周围的人都能长久地保持身体健康，那就有可能过于自信了，这种过于自信也会引发一些问题。如果能清醒地认识到自己有所能有所不能还罢，可是有人明明实际上做不到，却偏偏认为自己能行，这样就很容易发生意外。

开车就是个很好的例子。能够认识到自己已经不再能像年轻时那样开车了的人会谨慎驾驶，可是不甘心承认自己比年轻人差的人根本意识不到自己的驾驶技术实际已经大不如前了，这就非常危险。尽管家人都希望这些逞强的人能趁着还没发生事故交还驾照，但这些人往往会置若罔闻，因为他们还不想承认自己已经老了。

这些人一旦经历过差点酿成事故的险情，往往就会感觉自己的身体乃至精神都已衰颓，然后便产生自己的人生已经时日无多的消极想法。所以，即便退休之后还在继续从事某种工作，很多持消极想法的人也不会再像年轻时那样干劲十足了。

如此一来，这些人在退休之后思考自己要做什么以及能做什么时就会变得谨慎。他们会想，尽管自己并非什么工作都不能做，但毕竟不会再像以前那样能干了。接着他们又会认为未来等待自己的只有衰老和疾病，再然后就是死亡，这让他们感觉往后的人生只能一路走下坡。

人之所以会有这样消极的想法，往往是因为认为自己年老之后不如年轻时有价值。其实，即便在年老之后，人的各项身体机能确实会走下坡路，人也不应该如此消极。**终于不必再像从前那样拼命爬坡了，今后可以将双脚离开脚蹬，让自行车沿着坡路滑行了——如果能这样想，老年生活可能会更加轻松。**

但又有人质疑以上观点，认为这样想相当于否定了自己从前的人生，认为从前的生活又沉重又辛苦。而对于认为只有辛苦才能给自己的人生提供营养的人来说，退休之后不能再像从前那么拼命工作，反倒让他们更加痛苦了。

无论持以上何种见解，前提都是将退休后的人生视作与其他人生阶段不同的特别时期，但实际上两者未必一定如此。比如说，大概许多人都会因自己的头发变得稀少而耿耿于怀，但实际上秃顶并非从头发掉到第几亿零几百根时才突然形成的。再者，尽管不存在明确的时间节点，人还是有可能会从某个时候开始变秃。

就算退休的时间已经确定为某月某日，也并不意味着从那一天开始就什么都做不成了。而且，就算不再有能力做某件事，也并不意味着非要以退休为节点。**退休并不是划分人生价值优劣的节点，就像冬季并不比其他季节差，冬季有冬季的好处，不能拿它的缺点与其他三季的优点相比较。**

事实上，就算与年轻时相比有越来越多的事情做不到了，我们也可以探讨如何运用好现在拥有的东西。初老人生无法做到某些事情并不意味着我们比年轻时衰弱，我们完全可以换一种方式发挥自己的作用。

退休后的人真的会精神衰颓吗？其实就算记忆力有所下降，退休后的人也不至于遗忘太多东西，何况记得的知识多在现今也不见得是一种优势了。

年龄增长并不能让人变得聪明。人在年轻时可能会被逼迫着学习，即使觉得读书痛苦也不得不坚持下去，工作之后这样的人便渐渐不读书，只读些杂志了，这种情况并不少见。这样的人退休后，总不能再像从前那样找借口说不读书是因为没时间了吧？不读书的人有了时间也依然不会读。

刚才提到了退休后人的记忆力会下降，但我并不知道是否确有其事。实际情况常常是我们自己先行断定自己不如以前了，比如许多人不再发起新的挑战，理由就是不再像年轻时记忆力那么好，或者做不到当初那么拼了。其实，如果退休的人依然能像学生时代那样认真学习，大部分事情还是应该能够超预期完成的。如果不努力拼搏，年轻人也照样一事无成。总之，人做不到像年轻时那么努力并不只是因为上了年纪。

退休后不想努力更多的是因为对结果达不到预期有所恐惧。许多人认为只要不全力以赴地发起新的挑战，就不必面对失败。上了年纪以后不愿再主动发起挑战的人并非老了以后才变成这样的，恐怕他们在年轻时就会因为害怕面对结果而找种种借口不去挑战吧。

退休后种种烦恼的真相

在某种意义上，我感觉日本公司的“上班族”与社会是脱节的，这与蛰居在家的人的状态很像。“上班族”当然会与人产生联系，但这种联系是有限的。蛰居在家的人恐惧外出。他们中有很多人都有这样的经历，人际交往会带来很多麻烦，如果和他人产生交集，必然会产生一些摩擦，比如惹人讨厌、招人忌恨、遭遇背叛、受到伤害。如果一个人觉得人际关系令人烦恼，那他因为在学校受欺负而不去上学也就是相当自然的事情。

阿德勒对这个问题很感兴趣，他指出：“一切烦恼均来自人际关系。”

许多选择蛰居的人应该都是因为对人际关系心生恐惧而不想外出。工作本身虽然有趣，但如果和同事处不来，便会不想去上班，大概不少人都有过这样的经历吧。也有许多人因为处理不好人际关系而患上了抑郁症。其实，抑郁症患者在发病之前的很长一段时间内，身体就已经出了问题，或者说是精神状况出了问题，人际关系只是导火线之一。

迄今为止，很少有男性来找我做心理咨询，这或许是因为多数男性会反感我“指手画脚”吧。他们不希望暴露自己的弱点，因而也无法将烦恼倾诉出来，一忍再忍。不过这样下去他们会越来越痛苦，也许终有一天会给公司打电话说“我今天早晨起床后动弹不得了”，然后被医生诊断为抑郁症。

假如这类人能更早一点去做心理咨询，看精神科医生，或者将自己精神紊乱的情况告诉亲近的人，或许就能避免患上抑郁症了。否则，等到诊断结果出来以后，他们就只能停止工作，且不愿再外出了。

有人认为这类人是因为对职场上的人际关系感到痛苦才停止工作的，但事情其实没那么简单。职场上的人际关系虽然有时令人心烦，但并不是每个人都会因此生病，上不了班。

有些闭门在家的人也并非完全因为害怕外面的世界。来找我做心理咨询的人里有因患抑郁症不去上班的公司职员和拒绝上学、蛰居在家的年轻人，他们不外出，只想在家人的庇佑下生活。尽管有人说想回学校、想去工作，但当我建议他们将想法付诸行动的时候，他们就又会说自己虽然想去，但生病了，去不了。

阿德勒所说的自卑情结，指的是将“因为A，所以做不到B”这种理论广泛应用在日常生活中。上文这种情况中的B指的就是去上学、去上班。

做不到B需要一个理由，这个理由就是A。当别人问起来或者自己也需要一个非此不可的理由时，就可以把A搬出来。不能去上班的人会说自己虽然想去公司，但因为抑郁症去不了。实际上，抑郁症才不是那个A。

有一种情况下的心理问题是不一样的，即在过于严酷的劳动环境下被迫做违背自己意志的工作。我时常希望这部分人能够早日战胜疾病，振作起来。

关于心理疾病的具体情况并非本书要主要谈论的内容，但如果有人问起遇到因为心理疾病无法上班的情况该怎么办，那我会建议他在生病之前就果断休息。休息是可以提前计划的。假如公司的劳动条件导致员工过度劳累，那员工就应该建议公司进行改善（这大概还需要有中间人才行）。

如果一个人遇到因工作而生病的情况，就必须将“辞掉现在的工作”纳入选项——即使这样做很难。人不是为了工作而活着的，也不可以对一家公司产生过度的依赖。当工作太辛苦、太压抑的时候，人们需要知道自己依然有别的路可以选择，这一点非常重要。如果一个人坚持认为不能辞掉工作，那他就是在精神上被企业捆绑了。

我年轻时也曾因不敢从私人医院辞职而痛苦不堪，理由是好不容易才转正成为正式员工，我感觉决不能草率辞职。后来我生了病，进行了精密检查，诊断结果却是“原因不明”。我在私人医院的工作明明是心理咨询专家，却被医生建议去看心理医生。因为没有具体病名，我不能以生病为理由辞职，继续上班的结果是我后来受了一次用了整整三星期才痊愈的重伤，而这一切本来只需说一句“我想辞职”就可以避免。

要知道，在上班的人不是别人，而是你自己。如果你在工作时感到痛苦，就需要尽快决定还要不要继续做下去，别闹到因生病、受伤而不得不辞职的地步。

让我们回到“上班族和蛰居在家的人很多时候状态很像”的话题上。有些人一旦待在家里，就会被父母急切地催促“赶紧去上班”。得到父母或其他家人的关注才是他们蛰居的目的，他们担心上班后就没有人关注自己了。

在公司上班的人也是一样。我父亲工作的那家公司很像一个大家庭，员工们在新年那天还会去公司拜年问候，在参加运动会时还被允许带家属。如今这样的公司或许已经寥寥无几，但在公司上班的人依然会感觉是公司庇佑了自己。

我不知道“庇佑”一词用得是否恰当，但如果你做了自由职业就会很快明白，许多公司能帮忙解决的事情在做自由职业时都必须由你自己来解决。比如，你需要自己申报税金，体检也必须自己去预约医院。退休之后，公司便更不会再为你提供什么服务了。

对于很多人来说，真正可怕的事情或许在于，一旦不再属于“公司”这一组织，你将失去所有人的关注。蛰居的人和上班族一样，他们因为害怕自己不再被人关注，才不愿离开能特别关爱并庇佑自己的家。

退休的人不会再被叫到名字，也不会再被冠以某种头衔，或被称为老师了。有人在退休前无法想象一旦不再受到特别关注会怎样。如果你有过工作期间生病住院的经历，就可以将作为普通患者的自己与因头衔、地位获得关照的自己进行对比，由此就能联想到退休以后的人生是什么样子。

其实，即便你失去了归属感，只剩一个人，或者说即便你摘掉面具生活，遇到的也并不全是可怕的事情，因为今后你可以用全新的方式生活了。为了能够做出好的改变，我们必须首先明白自己长期以来的价值观不是天经地义的。下面就来深入地探讨一下这个问题吧。

当纵向关系不再通用时

多年以来，我一直在研究阿德勒的思想。阿德勒出生的年代相当于日本明治时期[①]，他遥遥领先于时代的理论至今令我无比惊讶。

阿德勒的思想中尤其值得关注的是：一切人际关系都

① 日本明治时期是指 1868 年 10 月 23 日至 1912 年 7 月 30 日。——编者注

应该是对等的。或许放在今天，许多人会认为这是理所应当的，但真正意义上的对等关系时至今日依然很难实现。

比如，虽然如今社会上绝少有人公然将“男尊女卑”挂在嘴边，但我们不得不承认，在意识层面远非如此。

在医学专业的入学考试中，男生比女生更容易被录取，这种事简直令我瞠目结舌。不仅如此，居然还有医生恬不知耻地认为“虽然很遗憾，但这就是现实”，这同样令我感到惊讶。发生这种事或许是因为男性产生了危机感，他们认为女性更加优秀，如果进行正当竞争会输给女性，这也体现了男性的自卑感。入学考试分数因性别不同而被人为地差异化对待，这绝非一句“这就是现实”可以了结的问题。

如果人们说一句“这就是现实”就能了事，便没有改变现状的可能了。只有抱着“不可以这样做”的想法，我们日本社会的现状才有可能得到改变。

再者，尽管公司里的职位高低绝不代表人的价值高低，但依然有人一旦获得升迁，就误以为自己比别人更了不起了。经常有人找我咨询“升职以后是否有必要改变言辞方式”或者“今后应该如何和部下相处”之类的问题。对这些为今后要不要对部下采取高高在上的说话方式而感到困惑的人，我有时不得不建议他们保持原状就好。

持类似想法的人大都不会成为模范上司。将公司人际关系看成单纯的纵向关系的人处于人际关系下层时会安于现状，但是他们一旦升迁，就会改变对部下的说话方式，甚至连态度也会发生改变。之所以如此，我想大概是因为他们只知道纵向关系这一种人际关系模式，认为这样的改变是天经地义的吧。

时至今日，依然有人认为孩子的地位比成年人低。这大概是因为这些人一旦将孩子和成年人平等看待，就不能劈头盖脸地责骂孩子了。即便有人嘴上说着平等，也以为自己理解了什么叫平等，但听其言观其行就会发现，其实他并没有平等地看待孩子。

有人不责骂孩子，却阻拦孩子的人生选择，这样的人也未能将成年人和孩子平等看待。父母无法决定孩子的人生，也不可能替孩子生活，拥有什么样的人生是孩子的课题，而非成年人的。换句话说，孩子的人生必须由孩子自己选择，无论这种选择会带来什么样的结果，这个结果都只会降临到孩子身上，选择的责任也只能由孩子承担。

我并不是说父母不能对孩子的人生发表见解，我的意思是，父母不能毫无顾忌地一脚踏进孩子的人生课题里，也不能劈头盖脸地责骂孩子，逼孩子做出改变。

孩子缺乏经验和知识，有时确实会做出错误的选择。当他们发现错了或者明白自己真正想做什么时，就会意识到父母说的是正确的。然而，假如亲子关系不够融洽，即便孩子明白父母是正确的，也会格外逆反。这时父母大概会说:“被我说中了吧？”这种时候就算孩子认识到自己错了，也可能不会改变自己的选择。因此，父母必须营造一种能让孩子安心改变自己决定的环境，绝不能把孩子逼进死胡同。

父母年少时多少也曾经有过同样的经历，既然如此，我建议他们就不要对孩子说那些自己也听过的讨厌话了。

父母与子女存在意见上的分歧是很正常的。这种时候，父母要平等地对待孩子，不要责骂孩子，要努力合情合理地说服孩子。孩子也并非必须听从父母的意见。

假如孩子说出一些让父母难以理解的想法，比如，不想上大学或者初中毕业就想工作，父母可能会说“你想怎样都可以，毕竟人生是你自己的，但还是等你自己挣钱以后再做这样的选择吧”。这些话看似通情达理，实则是强迫孩子改变自己的决定。虽然父母在小的时候可能也听其家长说过同样的话，可是一旦自己当了家长，转眼就忘得一干二净了。

父母说出这样的话，归根结底是因为他们认为自己养家糊口，地位理应比孩子高。但事实上，父母并不因为养家糊口就更了不起，孩子让家长掏学费，也并不意味着他们就必须听从父母的意见。

孩子和成年人是对等的。必要的时候，孩子应该努力说服成年人；而作为父母，也不能因为反对孩子的选择就拒绝为其提供经济支持。

强迫没有能力赚取生活费的孩子服从父母是很可笑的，毕竟孩子在这个阶段还要学习，就算想工作也难以做到。父母绝不可以把不能挣钱作为看轻孩子的理由。即便父母告诉孩子等他们自己挣钱就可以随心所欲，处于学生阶段的孩子也不可能出去工作。

如果家里有人一心以为自己是因为经济地位优越才拥有更高的地位，那么这样的人退休后就会出问题。当他失去收入或者收入锐减，或者发现曾经在公司里通行的纵向关系不再适用时，就会感觉自己失去了价值。有的性格刚强的人一旦从工作一线上退下来就会骤然衰老，把在公司工作看作人生头等大事的人都应该当心这个问题。当然了，人退休后便会失去价值只是某些人的主观想法，停止工作本身并不会让人失去人生的意义。

如果这些人的家人对他们说“如果你自己能挣钱就可以随心所欲”，他们一定会勃然大怒吧？如果能认识到自己曾对家人说过蛮不讲理的话，也能够改变自己的错误思维，那么他们退休之后也能在家里找到自己的位置。

我们必须在退休前就明白，以地位高低来看待人际关系本来就是错误的，也必须了解非纵向人际关系是怎么回事，否则就不会明白从前处理人际关系的方式在退休后已经不再适用。对不理解非纵向关系的人，即便要求或建议他们在退休后对人际关系做出改变，也基本会遭到抵制。

因为他们对未知事物感到不安，或者感觉自己的既得利益要被剥夺了。

退休只会改变人在家中的角色，即便不能像在职时那样工作，人也并不会失去自身的价值。认为自己之所以有价值就是因为具备经济优势的人，必须从有别于既有经验的事情中重新发现自我价值。接下来我们就讨论一下这种自我价值到底是什么。

当自己不再特别时

有些从年轻时就一直被称作“老师”的人会误以为自己很了不起，他们没有意识到“老师”只不过是特定的角色名称而已。公司职员也是一样，有人会误以为仅适用于公司的职务名称在公司以外也能通行。

工作时的职务名称在退休后就不再适用了，实际上，对退休之前公司以外的世界而言，情况也是如此，只是有些人没有意识到而已。这些年我进公司做演讲的机会增多了，经常会与人交换名片。我从未收到过不写工作单位和职务名称的名片，而我自己常因名片上只写了姓名和联系方式而令对方感到讶异。

我的心理咨询通常从询问来访者的姓名开始，我发现即便是年轻人，有人也会在自报姓名之后立即说出自己就职的公司。这令我感到吃惊，难道只说姓名才是不正常的吗？

初次见面的人为了了解对方要求对方提供工作单位这种简单信息，这或许类似于人们在买书时首先会看一下作者简介。我记得自己第一次出版翻译作品时，编辑曾经用不容置疑的口吻告诉我，因为我寂寂无闻，所以必须有共译者。

当第一次出版著作被告知需要提供职务头衔时，我把自己任课的大学名报了上去，建议他们写上“××大学外聘教师”，结果被否决了。后来我提出把“哲学家”作为头衔的方案，不承想竟然通过了。“哲学家”当然不是工作单位，也并非得到正式认可的身份，因此我由这件事吃惊地了解到，我们确实生活在一个需要头衔的社会中。自那以后，“哲学家”就成了我的头衔，虽然这个词本来的意思是“热爱智慧的人”。

来找我做心理咨询的人中也有像读履历一样做自我介绍的。其实我期待的自我介绍并不只是学历和工作经历，我也想知道一个人关心什么、读什么书、听什么音乐。但似乎很多人不认为自我介绍时应该着重谈这些话题。

如果一个人大半辈子都习惯一谈到自己就谈工作单位和职务，那他无论如何都很难接受退休之后被看作“平凡大叔”。联系前文讨论过的纵向关系，或许可以说，初次见面就询问对方学历和职务的人其实是希望搞清楚自己和对方究竟谁的地位更高。

女性退休后也有可能成为“平凡大妈”，但她们对退休的理解似乎和男性不同。即便工作了一辈子，许多女性从年轻时起就在忙于工作的同时兼顾家务和育儿。不仅如此，她们还一直和亲戚邻里进行交往。我倒不是说男性完全不参与家务和育儿，也不是说他们和邻里亲戚之间完全没有往来，我是说在多数情况下，这种交往都极其有限。

所以，女性即使在退休后不再工作，失去的也可能仅仅是职场上的人际关系，其他的人际往来与工作期间的也许并无不同。况且通常情况下，家务对于女性而言并不会在停止工作的同时消失，也就是说，除工作以外，女性退休后的生活并不会发生剧烈的变化。

男性就不一样了。他们一直以来都专注于公司里的工作，从公司退休几乎等于失去了之前的整个世界，之前的社会地位也完全失去了意义，所以有人会感觉停止工作几乎等同于心理死亡。当然，并非所有男性都是如此，比如，对于退休之前就做家务并一直和邻居交往的男性，在退休以后就不会感觉有什么大的变化。

定年をどう生きるか

第 2 章

如何为初老人生做好准备

人并不需要与众不同，普普通通就好了。“普通”并不意味着平庸，而意味着做真实的自己。人的价值不在于做什么，而在于活着本身。

拿出勇气，改变思维方式

弄明白产生不安心理的真相，你就会知道不必等到退休，现在或许就应该着手做点什么了。我们应该考虑的不是现在不必思考的事情，而是眼下必须思考的事情，这就是在为退休做准备（第 5 章会再次谈到这个观点）。

即便你现在不做任何准备，也不意味着退休后的人生一定会面临巨大的困难。重要的是，你要明白若想极大程度地改变自己的思想，就必须先拿出勇气改变自己长期以来习以为常的思维方式。

采用和从前完全不同的思维方式，意味着我们无法预料下一秒会发生什么。我之所以会使用“勇气”一词，就是因为做出改变必然伴随着不安。正是因为会有这样的不安，很多人即便清楚地知道现在的思维方式给自己带来了束缚和不便，也依然会选择固执己见。

要注意的是，人生活在此时此地，现在思考未来的事情没有意义。说得再清楚一点，现在根本无法考虑未来的事情，也不能解决未来的问题。未来不是尚未到来，而是对现在来说并不存在。该发生的自然会发生，不该发生的永远不会发生。有些事情是我们自己能够左右的，有些则是我们无能为力的。

对于此时此地我们无能为力的事情，没有必要做出努力。因此，**“退休准备是否有必要”中的“准备”并非面向未来，而是为了现在。**

从这个层面来说，现在不考虑未来之事是生活应有的方针。不安是一种与未来有关的心理感受，放手未来能让我们从不安中解脱出来。退休之后会发生什么是未来的事情，我们现在无从考虑。眼下能考虑的不是未来，而是现在要做什么事。况且，如果我们现在不做出改变，未来也不可能发生改变。

现在思考如何做准备，为的是解决未来的问题。过去也有可能成为现在的障碍，所以现在要做出改变，就必须放下过去。即便是之前的人生中已经抱持几十年的价值观，也可以在此时此刻的一瞬间丢开，这样做需要勇气。我们要改变的是自己当下的人际关系以及对自我价值的认知，这些不必等到退休也能做到。

我们要做到不以生产性衡量人的价值。要知道，人活着本身就具有价值。即便我们在迄今为止的人生中一直认为人只有做到什么才有价值，今后也必须改变这种认知。若非如此，当一个人因年龄增长或罹患疾病逐渐做不到或突然做不到某些事的时候，恐怕会很难接受现实。

下面来谈谈如何摆脱纵向关系，建立横向关系。如果一个人只知道纵向关系，恐怕很难理解我的意思。一个从未用横向关系思考的人，也不会明白自己现在构筑的与他人之间的关系其实是不平等的纵向关系。

改变长期以来的思维方式之所以困难，是因为人们不知道改变之后会发生什么。此外，当新的思维方式与社会普遍观念对立的时候，很多人也会放弃改变。新的思维方式或许有悖于常识，但一旦采用，人生便有可能焕然一新，生活方式也会随之发生改变。最重要的是，要有迈出第一步的勇气。

从一群人工作到一个人工作

如前所述，归属感是人的基本需求。人们在一家公司上班自然而然就会认可自己所在的公司，感觉其中有自己的位置，退休以后可能会为自己失去了所属的组织而感到不安。如果按部就班地当公司职员，就不必为今天去哪里、要不要去公司这类事感到迷茫。因为只要没有生病之类的特殊情况，就不存在“不去公司”这一选项。

我经常对那些不愿意去上学的孩子的父母说，比起行尸走肉般去上学，却从不对自己的行为产生怀疑的孩子，反倒是眼前这个不去上学的孩子对学习的意义和人生的价值有更为深刻的思考。

成年人也是一样。他们通常不会去思考习以为常的事情，比如，“人为何要工作”“为何要在这家公司工作”。但是，如果一个人从未思考过这些问题就稀里糊涂地退了休，就会感觉自己突然被抛向了空中。从这个层面理解，对某些人而言，随心所欲、自由自在的生活甚至可能带来痛苦，因为他们不得不思考如何度过每一天。

无论是否喜欢自己的工作，有人只要去公司，就能找到工作伙伴。而一旦退休，如此每天从早到晚与他人协同作业的人便会立刻产生孤独感。

现在我在家中专职撰稿，当我独自一人写稿子的时候，没有人劝我去工作，也没有人建议我休息一下。我在私人医院工作的时候，单位里有同事和上司。虽然我的工作任务繁重，但在工作时能够感受到大家和自己在一起，还是十分安心的。

没有工作安排的时候，比如，在两场心理咨询之间的空闲时间里，我根本不会意识到自己没在工作。可是一旦单独工作，我如果既不写稿子也不看书，马上就会怀疑自己是不是在偷懒。像我这样写稿子，也不可能一天二十四小时都在敲键盘。有时我也会读书和思考，虽然在旁观者看来似乎什么也没干，但我的大脑依然在运转。可如果这种情况发生在职场上，上司看到我这副样子，或许就会认为我什么工作也没做。

别人怎么看暂且不论，如果连你都无法接受自己看起来什么都没做的状态，就没办法一个人顺利工作了。很多人都有过这样的体验：一个人工作时，即便清楚自己不是在偷懒，有时候也不会允许这种无所事事的状态持续太久，但如果是和大家一起工作，就不会那么放在心上了。

一个人退休后，同样会有很长一段时间必须由自己来决定做什么。比如，早上几点起床，起床之后干点什么。我们在公司上班虽然有时感觉辛苦，但不需要思考今天接下来要去什么地方，这在某种意义上也是轻松的。

感觉什么都不做就是在偷懒的人必须摆脱认为自己非要做点什么的思维定式，不要再以生产性来考量人的价值。

此外，有些人可能已经习惯了“在公司工作时不需要每件事都由自己决定怎么做”这种观念，但是我认为，如果不能按照自己的意愿工作，工作的意义也就不复存在了。

我发现很多退休以后很难替自己做出决定的人，在退休前往往是只会严格遵照指令做事的人。一味遵照上司和公司的指示工作看似不需要负什么责任，但实际上遵照指示本身就包含着责任。

我之所以下定决心辞职，原因之一就是上司命令我停止心理咨询的工作。我认为“是否要做心理咨询师”应该是个人的决定，而不应成为一个组织的命令。

无论身处什么样的工作单位，假如对自己的工作完全没有话语权，你就有可能失去工作的热情。

我曾经听执教多年的人说过，上司管得再多，到了教室里，他们也能忘掉上司的存在，自由执教，这让他们感到庆幸。退休以后也一样，如果你可以自己决定如何生活，这应该是件令人高兴的事。

在工作以外找不到人生价值的人

有些人退休后只要独处，就会感到孤独。这不仅仅是因为不需要再工作了，还因为他们一直把工作看成一切。当然了，有人或许认为工作令人愉悦，认为人生的大部分价值就在于工作，这也没有什么问题。但如果有人认为人生的价值仅仅在于工作，恐怕就会出现问题。说得再严谨一点，如果一个人将公司里的工作当成自己唯一的人生价值所在，就会出现问题。因为这样一来，停止工作就意味着人生的价值不复存在了。

除了公司内的人际关系，每个人还会建立交友关系和家庭关系等其他关系。阿德勒提到过的“均衡人生”，意思是：如果仅仅强调工作，人生就无法取得总体均衡，人也很容易变成“工作狂”。这样的人其实是将忙于工作当成不参与其他事情的借口。他们认为只要不工作，职位就会随即消失，因此无法认同不工作的价值。

很多“工作狂”在退休以后哪怕改变雇佣形式也要在同一家单位继续上班，或者另找一份别的工作。我当然不是说不可以工作，何况如果不工作，生活立刻就会陷入困顿，只是那些生病后侥幸捡回一条命还要立马回去工作、回归原来的生活节奏的人未免也太过极端。这里我想探讨的是，退休后的人如果要工作，能否有与退休前不同的工作方式。

有人只要能在工作中找到人生价值，无论工作多久都不会感到痛苦，也不会认为自己是在工作。说“人生价值”可能有点重，其实这就是所谓的在工作中能感受到喜悦。

正因为有些事需要付出努力才能做成，所以很多人一旦成功就会很有成就感，这时候努力也就会让人感到开心。但即便是这样的人，也有必要反思一下自己是否把工作当成了不参与其他活动的借口。

还有一种人，工作本身就令他们痛苦，不能令他们感受到丝毫喜悦。这些人必须努力在工作之外体会到人生价值，否则就会每天生活在痛苦之中。

假如不把工作当成人生中唯一重要的事，或者不把工作看作强制性的事，而能从工作中感受喜悦，那么即便退休以后生活发生改变，我们的人生态度也不会有大的变化。

早点找到热衷的副业

有人在工作的同时兼做副业。然而从事副业的人未必会把这份工作当成副业。许多人虽然没有在副业上花费过多时间，但也付出了和本职工作同等的精力与热情，有时甚至更多。我认为这些人并非在做副业，而是在做“复业”，因为二者都可算是他们的本职工作。

早点找到一个让自己有热情的副业，退休后就会好办很多。不过，假如抱着无论如何都要找到一个副业这样的念头工作，大概也挺没意思的吧？另外，认为只有在副业里才能找到人生价值的想法也很成问题。

我年轻时的一位哲学老师，到了寒暑假没有课的时候便会躲进山里埋头写小说，其间完全不做任何哲学方面的专业研究。老师经常说他脚踏大学教授和小说家“两条船”，但我绝不认为写小说会妨碍哲学研究。哲学并不游离于现实之外，既然要考察的是“人应该如何活着”或者“幸福到底是什么”之类的命题，那么研究哲学和创作刻画人生的小说之间就不可能存在大的差异。况且哲学原本就不是学问，而是探讨如何才能幸福生活的智慧，所以哲学家与小说家应该是殊途同归的。

我在私人医院任职期间兼职做过翻译，当时我也并未把它当成副业。其实我的译作就算出版了，也所得无几，所以我也没意识到自己在本职工作之外还做了另外一份工作。

我之所以要做翻译，是因为考虑到翻译过程中学到的许多知识对日常的心理咨询工作很有帮助。阿德勒的著作就是我在那个时候翻译的。当然，“做翻译对咨询工作有用”这个论调其实是比较可疑的，我之所以说翻译有用，似乎是想将自己没在做本职工作的行为正当化。但实际上，我做翻译只是因为觉得翻译有趣而已。

我的上司不认可我兼做翻译工作，并因此与我发生了冲突。恰好在那期间我的身体状况也不好，并且我在医院做细致检查后被告知原因不明。当我向上司报称生病的原因不明时，上司竟然指责我连放假时都在做翻译，把本职工作荒废了。

我当然不认为放假时做翻译会妨碍本职工作，于是反问他:“那我放假时去打高尔夫就可以了吗?”结果院长说:“打高尔夫没有问题。”听了院长的回答,我便知道很难再在这家私人医院继续干下去了。

我认为,用对待本职工作的热情专注于兴趣爱好也很好。比如,负责照顾我的一位护士放假时会去滑雪,到了春天雪渐渐消融,他为了继续滑雪甚至会远征边远山区。这位护士并非因为本职工作太辛苦而去滑雪的,实际上,他能够做到既热心专注于兴趣,又对护理的工作非常投入。

我认为早点找到热衷的副业或兴趣对退休以后的人生非常重要,这并不是说要刻意为了退休后的生活去做这些,在工作期间拥有副业或者兴趣并乐在其中,这本身就能够让人生活得更好。

如果工作是为了生活,那么即使痛苦也必须继续做下去。兴趣和副业的存在并非为了减轻工作上的痛苦,它们本身就能让生活充满乐趣。但是人们往往不这样想,这是为什么呢?

一定要找到新的人生价值吗

许多人都会为退休以后必须要找到工作之外的人生价值这件事感到焦虑，退休后是否继续工作还关系到生活问题，所以我无法简单评判。我认为，继续工作当然可以，但什么都不做也没问题。不过，勤勤恳恳工作了大半辈子的人或许很难接受“无所事事地打发日子”。

我们还必须思考一个问题：工作是不是人生价值的体现？只有在工作中才能感受到人生价值的人在退休之后或者在退休之前因为生病无法工作时，可能真的会立刻感觉自己的人生失去了价值。

我们要知道，所谓什么都不做其实只是不工作了而已。**辞掉工作以后必须做点什么，必须找到人生价值，持有这种想法的人其实就是无法摆脱工作的魔咒。**

法国雕刻家罗丹在跟人说完“你好”之后，一定会问一句:“你努力工作了吗？”

罗丹之所以总是这样问，是因为他自己几乎无时无刻不在努力制作雕塑。我们可以将可定义为工作的范围放宽，比如读书、写信、散步、发呆、睡觉……**无论做什么或不做什么，活着本身就是在工作。这样想来，退休以后只是不再像以前那样去上班了，而并非不再工作了。**

如果投入和工作同等的精力在兴趣上，那么我们退休后的人生价值或许只是从工作上转换到了自己喜欢做的事上而已。假如有人尚未开始为退休做准备，也并不能在工作中感受到人生价值，那么现在是时候开始努力在新事务中发现人生价值了。我们需要来思考一下什么是人生价值。

可以什么都不做，想做点什么的时候也可以去做——如果能这样想，我们的心情就会相对放松很多。如果认为人必须做点什么才行，那我们无论做什么都会变成履行义务，这种时候是感受不到人生价值的。假如一个人把兴趣都当成了义务，就有可能认为自由就是什么都不做。

新闻中说有蛰居习惯的中老年人越来越多。如果你只有在遇到自己感兴趣的事时才会外出，比如，偶尔去附近的便利店，或者走出自己的房间却不走出家门，甚至几乎不走出自己的房间，以上状况持续六个月以上，你就会被认为是“广义的蛰居族”。读到这里，或许有许多人都会怀疑自己是不是也成了蛰居族。

根据上面这个定义，要避免成为蛰居族，你需要强迫自己外出。但其实很少有人会把自己关在家里六个月之久，再说还有因病无法外出的情况，这种也不能称为蛰居族。

以前我儿子曾经考虑是否要上寄宿制高中，在阅读寄宿规章手册时，他提出不去了，因为他发现晚间作息表上写着“强制自习”，但他认为自习是无法强制的。

也有人说必须找到兴趣才行，可是连兴趣都必须去找的想法实在可笑。兴趣不是义务，唯其如此才有趣，使之义务化就会变得不伦不类。

能够发现兴趣是件好事，但我们并非一定要致力于找到兴趣，也没必要认为没有兴趣就无法感受到人生价值。兴趣既非义务也非必要，如果我们非要赋予兴趣一定的意义，就无法从中获得乐趣了。

哪怕是工作，也并非一定要有意义。如果从是否有意义或者是否有用的角度出发，那么有太多工作是没有意义和没有用的。

我年轻时曾在大学里教授古希腊语，这门课有一年因为听课学生太少而被叫停了。学古希腊语的学生不可能太多，但古典语言是做学问的基础，学校用听课学生数的多少来决定是否开课，我对此很是失望。

说点题外话，在英语中学校被称作school，其词源就是希腊语中的schole，也就是“闲暇”的意思。换句话说，如果不能摆脱实用性，不能投入时间，就谈不上做学问。

言归正传，希望在退休以后找到某种兴趣来取代工作的人，往往也会像对待工作一样对待兴趣。他们想让自己做的事情称得上兴趣，甚至像专家那样追求极致，有人可能还会因此走上极端。

比如，有人希望退休以后开始摄影，于是立刻买来单反相机。他们认为绘画需要才能，而摄影只需要按下快门。这样想我也能理解，问题是等到真正拿起相机拍点什么的时候，他们就会发现摄影的难度非常大，专业的摄影师可不只是简单地按按快门就行的。

如果你想学摄影，我还是建议一开始先从手机摄影入手，等感觉手机不够用的时候再买单反相机。如今有的智能手机附带的摄影功能并不逊色于单反相机，更何况手机操作起来要简单许多，而且小巧轻便，可以随身携带。很多专业的摄影师也会用手机拍照。

一开始就想用单反相机摄影的人其实是误以为只要有了专业的设备就可以拍出好的照片来。这在阿德勒的心理学理论中有时会被称作“应用心理学”。**在阿德勒看来，我们拥有什么并不重要，如何利用我们拥有的东西才是最重要的。**在我看来，以拥有什么为重点的心理学理论或许可以被称作“拥有心理学”。

以摄影为例，拥有单反相机并不代表能马上拍出高质量的照片，如何使用相机才是重要的。即便相机的性能不高，我们在熟练使用后也能拍出好照片。相反，如果我们不能熟练使用，即使用再专业的相机也未必能拍出好照片。

本书讨论的退休话题也是一样。退休本身不是问题，如何理解退休这一现实，如何过好退休后的初老人生，才是需要处理的问题。

让我们继续将话题拉回到兴趣上来。要想避免买回相机后便将它闲置的失败经历，你最好不要一开始就买齐所有的装备，而要从自己会做的事情上循序渐进地入手，这才是聪明的做法。

有人不上班后立刻就会有大量不知如何打发的时间，会抱怨无事可做。对这样的人而言，兴趣大概只是用来打发时间的。如果以专家的心态埋头做事，便很快就会忘掉时间，也就不会再无聊了。

也有人会在退休后另做一份工作，他们甚至从还在公司上班时就开始为此做准备了。要想在退休以后继续工作，或许必须提前做好准备。但谁说退休后就一定要另找工作呢，只是单纯为退休后的初老人生做一下打算不可以吗？这样想的话，就算继续工作，至少也能做到和以前有所区别。

或许还有人认为，迫于生计，退休后是否工作以及做什么样的工作是无法选择的。即便是这样，我也建议最好不要认为退休后必须工作。这也关系到另一个必须探讨的问题：人为什么要工作？这个问题留待第3章再去思考吧。

从纵向关系转为横向关系

有时第一次见面的人会问我学历和职位之类的问题，这样的人其实只是想弄清楚自己和对方的地位孰高孰低。

这类人或许认为想了解一个人只能依靠这种信息吧。他们希望以地位的高低来选择交谈中的措辞和交往方式，并且认为这样做是理所当然的。

如果对方的地位发生变化，这部分人的态度也会随之发生改变。在任何时候、任何情况下都保持态度一致的人才是成熟的，经常改变态度的人会失去他人的信任。对待比自己地位低的人蛮横无理，反之则卑躬屈膝，这样的人当然不会得到别人的信任。

前文说过，有的男性会将自己的经济优势当成比家里其他人地位优越的依据，想把自己置于高位，这其实也是自卑心理在作怪。因为自卑，他们才想夸耀自己更优秀，而真正优秀的人并不会如此，真正优秀的人反而是谦卑的。

另外，前文也提到过有人无法将成年人和小孩平等看待的问题。这些人会对孩子说你怎样做都可以，但要等自己挣钱以后再说。虽然他们自己可能也曾经听父母说过同样的话并因此恼火过，但等到自己做了父母就忘了。或者，他们认为自己听过这样的话，如今也得对孩子说一下才行。

拥有经济优势不意味着高人一等或者更为优秀。只依据地位高低来看待人际关系的人会强调自身的优势，即自己承担了在外工作养家的责任。他们需要明白的是，做家务和上学并不比在外工作低劣。

“我让你们经济富足，你们还有什么可不满意的？”说这种话的人可能并不知道，他的这种夸耀会引起家人的不满。

依据经济条件树立优势地位为什么会有问题呢？很多人一旦退休以后（不再有那么高的收入），就会开始受到家人的苛责。人的价值不在于工作和收入，我们只要明白这一点就不会有问题。但如果退休的人继续保持蛮横的态度，把支使家人做饭视作理所当然（与上班时一样），他在家里自然就会受到孤立。

年轻时，我因为想要得到研究职位读了许多年的研究生，其间我的孩子出生，且很长一段时间都是我去幼儿园接送孩子，家中的经济问题则全靠在小学任教的妻子来解决，但我从未因为自己没有工作而妄自菲薄。

我病倒时儿子前来探望，他说："幸好倒下的是你。"他的意思是即便我长时间住院，也可以安心疗养，不必为家里的开销担忧。谁在外面工作因家庭而异，挣钱并不意味着有多么了不起。

我之所以刻意写下这段往事，是想回应这样的看法：我让你们在经济上没有任何困窘，你们还有什么不满意的？认为经济优势能证明自己优秀的人，其父母或许也有过同样的想法。有人会将父母视作反面教材，但也有人在父母的影响下长大后会继承他们的观点。

有人虽然不会极力标榜自己在经济方面的优势，但依然希望能高人一等，这就是自卑心理与虚荣心的外化表现。有人执着于过去的辉煌无法自拔，永远在喋喋不休地告诉别人自己写了某本畅销书之类的事情。

另外，情绪化地大吵大闹或者正颜厉色地斥责周围的人也都是没有自信的表现，这样的人往往认为不采取特殊方式就不会得到认可。

阿德勒认为，有些人有“价值降低倾向”，意思是他们试图通过降低他人的价值来提高自己的价值。比如，有人因为害怕自己工作能力不高被看穿，会试图在与工作毫无关系的事情上高高在上地对待下属。

在公司里始终用这种态度对待下属的人退休回归家庭以后，也会以同样的方式对待家人。上班时，他们本就对自己的工作能力没有自信，回归家庭后连这样一份工作也没有了，他们便会认为自己失去了价值，于是越发强化价值降低倾向。当过上司的人在单位里即使情绪化一点或许也不会被人当面顶撞，但在家里恐怕立刻就会招来嫌弃。

当被说“你真讨厌”时

有些人之所以一直执着于纵向关系，是因为他们认为如果自己失去地位就会变得没有价值。这些人并非在退休以后才变成这样的，而是从年轻时便一直如此。**认为自己必须高人一等的人要为退休做好准备：认清自己与他人是对等的，自己不必与众不同，只需做真实的自己就好。**

如果一个人在退休之前就能接受真实的自己，便不会感觉退休后的人生有什么特别的变化，反之则会产生强烈的失落感。

有人无法做真实的自己，这是因为他们在童年时就认为自己只有特别优秀才会得到父母的认可。一开始他们可能只是希望得到父母的认可，不久之后便会想要得到所有人的认可。

这些人不可能生来就渴望得到他人的认可，他们在成长的某一段时间应该也是可以做真实的自己的。与此同时，他们的父母可能也有过放松的心态，认为即便孩子没有什么特别之处，自己也能够接受，只要孩子好好活着就很开心了。可是不知从什么时候起，父母开始要求孩子变得特别优秀。

具体说来，他们会要求孩子取得优异的成绩，期待孩子考入好学校，孩子也会通过努力学习来达到父母的期望，努力变得特别优秀。这不仅体现在学习上，还涉及其他方面。但是，就学习而言，人不应该为谁学习。学习新知识本身获得的喜悦才应该成为学习的强大驱动力，否则当学习越来越难时，因害怕无法满足父母的期待，孩子很可能会放弃学习。

当孩子认为自己无法达到父母的期望时，就有可能出现心理问题。如果孩子过分积极进取，可能会出现行为问题；消极的孩子则有可能逃学或蛰居。我从事心理咨询以来经常会想，假如孩子有动力，我只需帮忙改变一下努力的方向就能让他很快振作起来；如果孩子缺乏动力，我就必须先激发他的动力。

孩子一开始会努力做到特别优秀，但在这种期望无法实现时就容易走极端，往坏的方向发展，这种情况很大程度上是由父母造成的。父母经常会表扬或批评孩子，这样做会树立起孩子与他人的竞争意识。在竞争中胜出的孩子会努力学习，没有胜出的孩子则可能会放弃学习。

即便是在竞争中胜出的孩子也会战战兢兢，担心自己随时可能遭遇失败，他们长大成人之后依然会保持这样的心理状态，工作时也是一样。**阿德勒认为，竞争是损害人精神健康的罪魁祸首。竞争绝非天经地义。**

无论孩子是想努力做到特别优秀，还是想要反其道而行之，他们都受到了他人评价的圈囿，并认为自我价值都取决于成年人的认可。

还有不少人会十分在意父母之外的人的评价。比如，当有人在日常生活中对你说“你真讨厌”时，你或许就会变得情绪低落。但那只不过是别人的评价而已，人的自我价值不应该因为一句“你真讨厌”而降低。

相反，当别人对你说“你真是个好人”的时候，你也没必要欢欣鼓舞，因为那也仅仅是他人的评价而已。

职场上也是一样，他人的评价未必正确。有人认为只要有实力，就能在高考或其他考试中取得优异的成绩，但事实上考试只是一个片面的评价渠道而已。

公司的入职考试也是一样，能力真正优秀的人也有可能在考试中落败，被公司挡在门外，这样的事情屡见不鲜。我有一位编辑朋友参加了大约二十家公司的考试，均未通过，最后好不容易才考入一家公司。两年之后，他做出了销量百万册的畅销书。

有人从学生时代就开始惧怕他人的看法和评价，长大成人之后依然如此。即将退休的人也好，已经退休的人也罢，希望大家不要过分在意他人如何看待自己，这对今后的人生非常重要。

当你非常不喜欢自己时

人并不需要与众不同，普普通通就好了。**“普通”并不意味着平庸，而意味着做真实的自己。**

人需要发自内心地认可自身价值，不需要依托于任何外在属性（比如学历和职务等），哪怕辞掉工作，也要接受真实的自己。为什么必须做到这一点呢？原因在于：与公司产生关联的属性在退休以后就会全部失去意义。很多人似乎并不了解这种属性不能代表自我价值，也不了解这种属性其实与自我价值无关。

依托外在属性的人与他人打交道时也会依据对方的外

在属性而非真实的对方进行价值判断，这样的人在与人第一次见面时往往会迫不及待地询问对方的学历和职务。交换名片时，也有人会根据对方的头衔评估其价值。

有人因为受到他人很低的评价而无法坦然接受自己。这样的人请记住，无论你多不喜欢自己，你依然是独一无二的存在；无论你有多少缺点，如果你没想过要改掉，那么你依然不得不毕生与这样的自己朝夕相处。有些东西，如果你不喜欢了或者有更好的选择，就可以替换掉它们，可人是无法把自己替换掉的，所以只有接受自己，才能获得幸福。

为什么我们必须学会不依据他人的评价来认可自己的价值呢?

阿德勒的回答是:“人只有在发自内心地认为自己有价值时，才会充满勇气。”这里所说的勇气包含两层含义:专注于工作的勇气和步入人际关系的勇气。

专注于工作，有时便不得不根据成果进行自我评价。有人害怕将成果明确化，感觉如果成果不好，就只能接受自己能力不足的现实并继续拼搏。

总是能拿出好成果的人也并非从一开始就能取得令自己满意的成果。因此，遇到挫折时，不要武断地认为自己不适合眼前的工作，请先尝试拿出勇气专注于工作。

当下的市场环境中越来越不存在简单的工作。工作越是困难，我们在成功完成之后收获的喜悦也会越大。

为什么步入人际关系也需要勇气呢？因为人际关系必然会引发某种矛盾。只要与人打交道，就不可避免地会受到伤害，如被人嫌弃、遭遇背叛等。

但是，人只有在与他人的相处中才能获得生活的喜悦，这也是不争的事实。已婚的人回想一下过去就会明白这个道理：能下定决心和交往很长一段时间的恋人结婚，是因为坚信和对方在一起会幸福。假如他们认为和这个人在一起注定不幸福，大概就不会结婚了吧？当然，若干年后他们也可能发现当时的决定并不正确。

经营人际关系和开展工作一样，并不会在一开始就非常顺利。结婚未必就能如小说或电视剧那样拥有幸福快乐的结局。**虽然人际关系有时会带来烦恼或摩擦，但在与他人的相处中逐渐构筑起的信任关系会给我们的人生带来**

喜悦。

要知道，虽然在沟通顺畅的时候，两人能够感受到爱的流动，但仅凭爱并不能构筑起亲密关系，也未必能让两人的关系保持融洽。

所谓沟通，指的不单是顺利交谈。**不伪装，不为了让自己看上去更好而说一些违心的话，在对方面前保持平常状态，只有这样，才能有真正的沟通。**

虽然我在上文中将专注于工作的勇气与步入人际关系的勇气分而论之，但实际上工作脱离不了人际关系。即便是较为独立的工作，大多也不会从头到尾都由一个人完成。比如，我从事的撰稿工作就要求我必须和编辑保持密切的联系，一本书也是我们协力完成的。因此，如果编辑不是我希望合作的人，我就会拒绝出版邀请。

退休以后，我们还需要鼓起勇气步入除工作之外的人际关系之中，即步入与家人、邻居和朋友之间的人际关系之中。即便在公司里已经习惯了与人相处，我们建立新的关系也并不容易。当然，我们在上班时也并非只需要应对职场上的人际关系，只不过之前可能能以工作为借口躲开的一些人际关系在退休后会变得越来越重要。

与家人的关系尤其如此。那些一直将亲密关系、亲子关系以及与父母的关系排在后面的人，退休后就必须好好面对这些关系了。如果一个人一直感觉自己和家人很疏远，那么当他堂而皇之地宣布“好吧，今后我要一直待在家里了”时，家人就有可能会对他产生顾忌。但即便是这样，这些人也必须鼓起勇气步入新的人际关系。

阿德勒认为，一个人只有在认可真实的自己有价值时才会拿出勇气。那些在职场上习惯为了得到好评拼命粉饰自己的人尤其需要注意，退休后不要惧怕他人的评价，只需做真实的自己就好。

对于一直认为自己必须特别优秀才行的人来说，做到这一点或许并不容易。这样的人在退休之前更要做好准备，努力学会接纳真实的自己。

有人可能认为自己一直在应对亲密关系，所以退休后也没什么好担心的；也有人退休前就很少和邻居、亲朋交往，退休后更不知道该怎么办才好。

很多人退休后的人际关系未必一开始就能一帆风顺。

虽然所有人际关系都很复杂，但我们还是可以循序渐进地建立融洽的人际关系，不必一开始就认定自己处理不好这些关系。带着积极的想法与人交往，我们就能发现和以前没怎么打过交道的人交往其实也没那么难。

有一点必须了解，那就是退休后和上班时不同，以前的头衔已经不再适用了，退休的人不能时时刻刻都想要对别人说起自己退休之前的工作情形。

我们必须发自内心地认为，即便没有外在属性，真实的自我依然具有价值。

了解自己的优势才能挖掘潜能

一个人要想学会认可自己的价值，以下两点不可或缺。

首先，要了解自己的优点是什么。当被问到优点时，许多人居然回答不出来。之所以如此，很大一部分原因在于这些人从小到大都在不间断地被家长和周围的成年人指出缺点。

如果我不向前来咨询孩子的心理问题的人询问孩子有什么优点，对方就会开始喋喋不休地列举孩子的缺点和行为问题。当我问到孩子有什么优点时，对方往往答不上来，像是从未思考过这个问题一样。可以说，由看不见孩子优点的父母抚养的孩子，长大以后自然也无法说出自己有什么优点。

高中毕业后不久，我在街上碰到了自己初中时的校长，他让我有时间去找他玩。如今想来，这个邀请只是外交辞令，并非真心话，但当时我听了之后非常开心，没过多久就去校长家拜访了。

校长说过什么我几乎全忘记了，除了一句话。他看着个子矮小的我说："你不适合做商人，只有身材魁梧的人才能经商，而且还要有魄力，你不行。"

我当时心想，"不行"这样的词是不适合当面说出来的，教育工作者尤其不该这样讲。校长从未教过我，对我根本不了解，却仅凭外表就评论说我不适合经商，这令我很不高兴。另外，我觉得"商人"一词用得也有点奇怪，也许校长在潜意识里认为这份职业比自己从事的教育工作低等吧。

要是那天校长告诉我如果我想经商就做得到，我可能会心怀感激，或许也能心情愉快地从他家辞别吧。

后来我做了心理咨询的工作，知道一次偶然的相遇也有可能被人记住，就像校长与我的那次相遇一样。所以即便有的来访者只到场一次，我也会努力通过心理咨询给对方的人生带来好的影响。

校长当年的那句话让我感觉自己的人生仿佛已经失败了。虽然我也认为自己不适合经商，但听到别人这么讲，还是会感到吃惊，也有种“果然如此”的挫败感。

我之所以对当年的事情印象深刻，是因为校长点出了一个我无法改变的事实，即我根本没办法让矮小的自己变得魁梧，也没办法一下子变得有魄力，因此，我一时间竟搞不清这样的自己还能做些什么。

后来我想当老师，但当时我以为老师必须声色俱厉地呵斥学生，可我做不到，所以便放弃了。实际上，对我产生较大影响的老师并不会疾言厉色地说话，但是不可思议的是，在我想当老师的时候竟没想过要以他们为榜样。

我做了心理咨询师之后才明白，有魄力的人反而不大适合成为心理咨询师。这当然只是片面的观点，说话清晰、果断的人胜任心理咨询师的例子或许也是有的，只是我大约是因为感觉自己不能震慑别人才当了心理咨询师吧。

教我做心理咨询的老师曾说我能让人感到舒缓放松，在当时，是这位老师让我看见了自己拥有的才能。如果前来找我做心理咨询的人说自己缺乏专注力，我就会告诉对方，他并非缺乏专注力，而是拥有发散力。有人说自己没有常性，我会告诉他这不是没有常性，而是有决断力。

当一个人知道现在做的事情不适合自己时，必须下定决心改弦更张，否则就是徒然浪费时间。比如你买了一本价格昂贵的书，却发现它不适合自己，那就必须拿出勇气把书合上。

在选择或辞掉工作的时候，我们也需要这样的决断力。要知道，人们在已经投入了时间、精力和金钱的情况下，再去选择走不同的道路需要勇气。如果缺乏决断力，即使心怀不满，有些人也依然会选择继续工作。还有一些人因为在意周围人的看法，即使工作过分繁重也不会辞职，这样下去就有可能导致“过劳死”。

决断力还包括重新决断的能力，也就是说并非做过一次决断之后就不能改变了。如果能换个角度看待之前被认定了的缺点，我们也许就能慢慢接受真实的自己了。

其次，要学会接受真实的自己并认可自己的价值，还必须拥有贡献感。什么时候会产生贡献感？这个问题对退休后的人生状态影响重大。如果人们退休之前就能正确认识这个问题，退休以后也就不会茫然了。

对只有在工作中才能获得贡献感的人而言，退休后的人生会很痛苦。退休前不认为自己的价值只在于工作的人，退休之后则不会那么痛苦。

人并非只有通过工作才能做贡献。人的价值不在于做什么，而在于活着本身。了解这一点非常重要。至于这句话到底是什么意思，留待后面再探讨吧。

了解自己并非处于共同体的中心

有位老师因患抑郁症休了病假，我劝他利用难得的机会出去旅游，他却说不行，万一学校打来电话怎么办。我建议他带上手机出门，但他说如果家里的固定电话没人接，就会被认为没有在家疗养，同样很麻烦。

因为有上面这些想法，老师拼命克制自己，拒绝外出。于是我不得不对他做了下面的解释：你休假快结束的时候学校才会想起你，现在大家都很忙，没有人会注意你在做什么。

这位老师待在家中也不得安闲，他说如果邻居们看到他家的车位上停了车，就会认为这家人没去上班。对此我想说，世上的人并不会像你以为的那样把你的事情放在心上。

我还跟他讲了我的购物经历。年轻时我会在平日里去超市购物，也知道有些人会用诧异的目光看我，但这样的人其实很少。这已经是数十年前的事了，当时我也没有住在城市里。在今天的城市里，男性去购物已经不会引起任何人的侧目了。即便有人关注，也只是投来一瞥，紧接着就会将兴趣转移到其他地方。这位老师似乎对我的说法有些不服气，但这就是现实。

后来这位老师还是去旅行了，身体也随之康复，很快就返回工作岗位了。像他这样休病假的人，康复之后还需要回去上班。如果是退了休的人，就不会再有归属的单位了，这意味着不被关注的状况会一直持续下去。

前文说过，归属感是人的基本需求，但归属于某个共同体（退休前所在的公司即为一个共同体）与处于共同体的中心是完全不同的两回事。一个人退休回归家庭之后，如果认为自己仍处于家庭这个共同体的中心，恐怕也会令家人感到局促不安。

倾听比公司更大的共同体的声音

一个人所属的共同体不可能只有公司，因而不在公司工作以后也不可能完全失去归属。

古罗马哲学家西塞罗在《图斯库路姆论辩集》中提到过这样一件事：当苏格拉底被问到是哪国人时，苏格拉底回答说“世界人”。苏格拉底实际上是古希腊雅典城邦中的一员，所以我想他可能是所答非所问了。只是在苏格拉底看来，超越国家的正义是非常重要的，所以当他回答“世界人”时，大概是不希望将其身份限制在他所属的雅典城邦的框架之内吧。

苏格拉底这样回答，并不意味着他看不起自己本来所属的城邦。相反，他是一位爱国者，正因如此，他才绝不会对国家的不正当行为视而不见。在思考当下需要做什么时，苏格拉底超越了自己所属的共同体。

对上司的不正当行为视而不见的人归根结底只关心自己。对这样的部下，上司会拐弯抹角地暗示通过晋升之类的方式予以回报，并让其发誓效忠自己，企图利用其扩张自己的势力。

上司图谋不轨时，部下不仅不会揭发，还会为了明哲保身而尽力包庇对方。这样的部下只考虑自己的利益，不顾及公司的利益。当上司的不正当行为暴露时，公司很可能会因此失去社会信誉。因此，不放过上司不正当行为的人才是真正爱公司的人。

对组织而言，能够考虑更高一级的共同体的利益是非常重要的。

在工作中一直看上司脸色行事的人退休后便不需要再考虑这些事了，所以退休对他们而言是值得庆幸的。对于退休之前就能认识到自己归属于比公司更大的共同体的人来说，退休同样不可怕。

认识到自己归属于公司的人只是公司职员，认识到自己归属于比公司更大的共同体的人方可被称为社会人。

定年をどう生きるか

第 3 章

重新思考工作的意义

幸福是存在，成功是过程。人若想获得成功，就必须完成某项事业。但就算什么都没有完成，也可以是幸福的，活着本身就是幸福的。

第 3 章

重新思考工作的意义

是公司成就了你吗

有人一不工作就会心情郁闷，或者马上感觉自己失去了价值，对这些人而言，公司意味着什么呢？

前文提到过，我的来访者有时会像背履历表一样做自我介绍，报告自己从哪所大学毕业或者在哪家公司任职，他们似乎认为自己的价值取决于所属的组织。

实际上，学历和职业经历只是一般性信息，我真正想了解的是来访者这个人本身。即便一个人的毕业院校和所属公司算得上一个人的属性，这种属性也没那么重要，更不能反映这个人的本质。

柏拉图的《理想国》中有一个关于古希腊雅典政治家地米斯托克利的故事。地米斯托克利曾经在希波战争中一举击溃波斯（今伊朗）的舰队。

这个故事讲的是，有个小国家的人企图诋毁地米斯托克利，他对地米斯托克利说：

> 你能获得今天的声望凭借的并非自己的力量，只是因为你侥幸生在雅典这样的国家而已。

地米斯托克利回答：

> 你说得有道理，假如我生在你的国家，大概不会成就今天的名望。但是假如你生在雅典，恐怕也未必能取得我这样的名望。

这个道理用在工作上也是一样的。有人会认为成功都是因为背靠的某家公司，但实际上，并不是每个归属于这家公司的人都会成功。

因此，我认为，**个人能力远比归属的公司更重要。准确来说，一个人归属于哪家公司并不能证明这个人是否有能力。**

自我介绍时主动说出所属单位的人或许是希望对方以此为依据对自己进行评判，然而归属地并不能代表实力。

当初我打算从私人医院辞职时，有位职级比我高的医生曾对我说："来做心理咨询的人并非冲着你来的，而是冲着医院来的。"他的言下之意是，有人来找我做心理咨询是因为我在这家医院就职，如果我以个人名义从事心理咨询，恐怕就不会有人找我了。

诚然，去私人医院或大医院进行心理咨询的人肯定比找个人咨询师的要多，但他的话让我明白了自己的实力还并未得到认可，这令我很恼火。

幸运的是，我辞职时被告知我在医院的来访者可以继续来找我。后来的实际情况如何呢？那位医生说的话有半数应验了。辞职之前，我告诉一些来访者自己即将离开这家医院，准备在家里从事心理咨询工作，他们中有人后来仍会找我做咨询，但我没通知过的人则并未再来找我。

在私人医院工作时，我每个月都有固定工资，所以即便没有接诊太多患者也不会有什么问题。但我自己单干之后，如果前来咨询的人少了，我的收入会马上减少。

不过随着时间的推移，来找我做心理咨询的人逐渐多了起来，有时一天甚至会有好几位。当然，如果我只是做咨询，推广一类的工作全都撒手不管，来访者就会变少。要承认的是，既做咨询又做推广的辛苦，是我在医院工作时无法体会的。

这并不是说一个人归属于组织就可以懈怠了。以心理咨询为例，尽管人们起初不是冲着个人而是冲着私人医院或大医院的名号前来就诊的，但如果医生不能提供有效的咨询，人们大概也就不会再来了。

或许有人认为，只要是大出版社出版的书就会畅销。但如今身为作者的我非常清楚，如果一本书本身很无趣，那无论由什么样的出版社出版它都不可能热卖。反之，即便是小出版社出的书，只要有阅读价值，也有可能畅销。

这又回到了“人为什么工作”这个话题。我认为，卖出很多书也并没有什么值得高兴的，书被送到真正需要的人手里才值得庆幸。如果有人这样想，一本书畅销与否也就不太重要了。

总有可以取代你的人

我们必须知道，工作中一定有人可以取代自己。

我在私人医院做心理咨询师时也兼做挂号的工作。一开始我认为自己根本不能胜任挂号这种自己不擅长的工作，但我想既然做了，就要努力做到得心应手。

没过多久，我竟做到了当有患者打来电话时不需对方主动报上姓名便能知道对方是谁的程度。这让我颇有点飘飘然，感觉自己成了医院里的“活字典”。其实客观分析一下就能看出这不是因为我厉害，而是因为医院不大，患者不多。

有一天下班回家，我下台阶时一脚踩空，扭伤了脚。

当时，我觉得如果自己不去上班，医院一定会很不好办，所以第二天硬撑着去上班了。结果上司说我拄着丁字拐上班让医院很难堪，由此我不得已只好遵照医嘱请了三周假。

结果表明，与我担心的正相反，我没去上班的这三周，医院依然运转得十分顺畅。

想想看，退休的人也会出现类似的情形。我听说有人因为担心自己的退休会给大家带来麻烦，还坚持到公司上班。这样做的人非但不会受人欢迎，还会令人觉得莫名其妙。

得知少了自己公司依然能正常运转应该是件令人高兴的事，因为这表明，即便少了自己，自己在工作期间用心指导过的后辈们也能把工作做得得心应手。

我辞职以后只去过之前就职的医院一次，那次不是为了去看自己离开以后医院变成了什么样子，而是因为接到了一个请求：我就职期间的专用电脑出了问题，同事联系我，希望我去看一下问题出在哪里。

虽然我在私人医院只工作了三年，但走进曾经从早到晚工作的挂号处，依然感到那里的空间很狭小。我真真切切地感受到今天的自己走向了更为广阔的天地。

如何成为“稀有”人才

虽然总有可以取代自己的人，但一个人知道自己的工作有无可取代之处也同样重要。

即便是同一份工作，不同的人对待它的方式也会有所差异。住过院的人大概都知道，负责照护患者的护士每天都会更换。按说护士的工作内容是固定的，所以不管谁来做都是一样的。但有的护士会很认真地帮患者擦拭身体，也有的护士会重视效率，擦拭身体时不怎么用心；有的护士开开心心的，也有的护士哭丧着脸，态度冷淡。

站在患者的角度，这种差异甚至会让他们希望自己可以挑选负责的护士，且他们并不会单纯依据能力的高低来挑选。即便是同一份工作，不同的人对待它的认真度、热心度和诚实度也存在显著差异。如果患者碰到一位哭丧着脸且没有诚意的护士，一天还要跟他见好几次面，那么每天都会很不愉快。

其实即便是护士本人，每天不情不愿地工作大概也很痛苦吧？任何一份工作都不可能只有快乐，但我还是希望大家能找到工作中的乐趣，开开心心地投身于其中。

既然如此，是不是一个人认真、热心又充满诚意地工作就可以了呢？也并非如此，如果护士给患者打针时三番五次地扎不进去可就麻烦了。

早前我母亲住院时因为每天都要输液，她的血管很快就变得难以辨识了。有位当年刚入职的年轻护士很诚实地承认自己找不准血管，所以每到由她负责打针的时候，便一定会去找有经验的护士帮忙。有经验的护士一下子就能准确地把针扎进去，这减轻了母亲的痛苦，值得庆幸。所以患者选择护士时到底应该看技术还是看人品，这个问题还真比较复杂。

其实，以二分法看待人品和技术是十分错误的，因为护理工作本来就具有照顾他人的性质，光有技术根本不够。我希望有工作热情的护士不仅能学好技术，还能在人品上赢得患者的信任。

事实上，兼顾这两方面并不容易，但如果一个人一生之中没有住院太多次，都应该会清楚地记住住院期间照护过自己的护士。每当想起自己在身心脆弱时从护士那里获得的力量，我就会满怀感激。所以我也希望护士们能够对这份工作充满自豪。

近年，日本政府单纯将介护[1]工作当作普通劳动，这令我感到愤怒。无论是看护还是介护都不是程序化的工作，这些工作无一不与人有关，无一不需要处理人际关系的知识与经验，所以绝不是单纯的机械劳动。

现今这个时代，或许我们已经越来越难想象只有自己能够做到的工作是什么了。年轻人求职时只要会使用办公软件，就可以向公司证明自己的能力。但这也等同于在向公司展示上万名求职者共同拥有的能力，换言之，就是告诉公司自己只具备别人可以取而代之的能力。

年轻人变成这样，公司也有责任，因为公司寻求的正是拥有此种能力的人。

我对“人材”一词被毫无顾忌地滥用持怀疑态度。人材本意指的是有才能的人，即人才。但在我看来，这个词只是把人当作可以随意被取代的材料。没有哪个人是材

① 特指高级护工，负责对失去自理能力之人进行全方位的陪护。——译者注

料，假如企业寻求的只是材料，那么一旦人不能劳动，就会立刻遭到解雇，因为还有大把的材料可以替代他，人们退休时也会遇到同样的问题。

假如公司雇用员工的标准是我所理解的人才，那么退休的人事实上比年轻人具备更丰富的知识和经验，公司延长员工的雇用期限时自然不应该改变之前的待遇或大幅削减工资。

如果公司想雇用真正有才能的人，那么退休的人不仅在知识和技术方面更胜一筹，而且也是名副其实的有才能的人，公司改变他们的待遇就更为奇怪了。

我父亲工作那会儿，毕业后在一家公司一直干到退休是很自然的事情，就算他无法在短时间内拿出引人瞩目的业绩，也不会被赶出公司。当时，员工如果不能发挥才能，大概只会影响晋升。可是在今天这个成果主义盛行的时代，没准儿这样的员工马上就会被公司赶走了。

如今大学老师每年都需要写好几篇论文，但是在我上大学时也有教授三十年不写一篇论文的情况。我之所以会记住这种事情，是因为它是特例，但也可以说，正因为大学里能够允许这样的特例存在，有人才能做出有独创性的研究，才有更多人愿意投身于研究。对于数学、物理或我所学的哲学等学科，批量产出成果本来就是不现实的。

日本数学家冈洁有一年夏天受朋友之邀，在北海道大学借了一间房间做研究。那个房间原本是理学部的会客室，里面摆放着很气派的沙发。冈洁本来打算在里面解题，但刚过了十分钟他就感到困意，睡了过去。冈洁因此出了名，人们说他在学校里光顾着睡觉了。

在冈洁即将离开北海道大学的九月，有一天早晨他被邀请去朋友家吃早饭。饭后他去隔壁会客室坐下，漫无边际地思考起来。很快他的思维便集中到了一个方向，坐了大约两个半小时就彻底理顺了思路，找到了答案。要知道在去北海道之前，冈洁对如何解决这个问题还完全摸不到一点头绪。

我还想起有位大学老师曾对学生说:“你们看起来都在很认真地听课，但是你们什么时候才能开始真正地学习呢？”其实，有时看上去没在运转的大脑也是在思考的，如果人们不承认这一点，一味追求有形的事物，学术研究会受到阻碍。

如果大学陷入成果主义，老师们将不得不为了保留编制写大量的论文，其结果很可能是不会写论文的老师剽窃他人成果、捏造数据。当然，这些无疑属于教师的道德问题，但或许也可以说是不良竞争的结果之一。

在充满竞争的社会中，每个人都能拿出令人瞩目的成果是不现实的，我认为公司应该成为适合慢半拍和大器晚成的人生存的地方。也就是说，公司不应该非要人出成果，也要容忍“一事无成”的人。这些人如果在退休后继续工作，很可能能在没有成果主义压力的状态下，产生新的创意。

能够不专门为了某家公司进行创新才是更好的工作方式。进一步说，一个人如果没有确切的归属，或许就能自由地进行研究了。当然，有些研究是无法独立完成的，所以自由也有限度。**重要的是，一个人要拥有不被束缚的自由精神**。

即便一个人年轻时因做不好事情被上司批评而萎靡不振，退休后也能获得自由。1984 年，年轻的史蒂夫·乔布斯推出了被称作“麦金塔电脑”（Macintosh）的第一代 Mac 电脑。同年，他在图纸上绘制出苹果手机的原型，数年后苹果手机公开发售。

现今企业应该追求的就是让这种创新得以实现的自由精神。这需要自由的氛围，在这种氛围之中，即便创意被当场否决，员工也能毫不退缩地继续进行研发。我想，如果是这样，那不单单是年轻人，无论什么年纪的人都可以创新，退休以后当然也行。

顺便说一句，我衷心希望年轻人能去那些“允许失败，鼓励尝试”的公司工作，因为在这样的环境下工作，年轻人在创意层面和知识层面都会更胜一筹。

放松心态，迎接新契机

做不能退休的工作也很麻烦。

我的一个朋友继承了祖上衣钵，继祖父、父亲之后成为医院的第三代院长。他刚做医生的时候，老病号们都会在他父亲坐诊时来看病，轮到他坐诊时就会门庭冷落。

但是没过多久，朋友的父亲好像出了点问题，无论是坐诊还是事务性工作都不能做得像以前那样得心应手了。朋友告诉我，这所医院没有退休制度，所以他没办法劝说父亲放下工作。

即便朋友的父亲认识到自己已经力不从心，也很难主动提出停止工作，要知道他是有强烈自尊心的医生，即便孩子劝他停止工作，他也有可能断然拒绝。

退休可以被认为是世人认可的暂停。退休的人如果身体允许，完全可以接受返聘，再次上岗的心态也会比较轻松，他心里往往会这样想：反正已经退休了，返聘的工作不想干，随时都可以不干。这样一想，有强烈自尊心的人会更容易放下工作。

退休只是不再做之前的工作了，它不仅不是人生的终点，反而是新开始的契机。如果有人上班时觉得不做点什么心里就过不去，退休也可以是开始“什么都不做”的契机。

明确职责，建立对等关系

工作中的人际关系基本只限定于工作场合，因此即便我们对共事之人的个人情况一无所知，也不会有任何问题。能顺利工作就行了，工作以外能否与他人和谐相处本来就与工作没有任何关系。

最麻烦的就是那种容易交往但做不好工作的人。我认为，年轻人注重私人空间，下班后拒绝上司的吃饭邀约是好事。不仅是上司，为了保护私人空间，你也可以拒绝任何同事下班后的邀约，无论他在工作上多么有能力。

话说回来，如果和一个人建立了良好的关系，你愿意与之共事，工作时自然心情会更愉快，这也是事实。即便在这种情况下，你也不需要了解对方的私人情况，也不必像朋友那样与其交谈。一想到和某个人一起工作就会感到开心，这样的人际关系已经超越了工作关系，变成了普通的朋友关系。但需要注意的是，无论能否发展成朋友关系，我们在工作中都需要建立对等关系，明确自己与他人的职责。

亲子关系中惯用的方式未必适合工作中的上下级关系。孩子成绩不好，父母无须为此担责。如果孩子不学习，成绩不好的后果只会由孩子本人承担，毕竟学习是孩子的任务。

在工作中，即便存在上下级的职位差异，上司和下属的关系也是对等的。如果能把上下级差异只看作单纯的职场角色差异，领导和下属就能更有效地建立起对等关系了。

但对等并不代表责任上的互不相干，例如，当下属业绩不佳或者屡屡犯错时，上司就不能说这只是下属的责任了。正是因为上司指导不力，下属才会屡屡犯错，业绩也做不上去。

假如上司提供了妥当的指导，下属却依然做不出业绩，上司就必须对他说一些鞭策的话了。作为下属，应该明白上司说这些话的目的并非责备，而是提供帮助和解决问题。但是有时候上司的话会被理解成讥讽、恐吓或挑衅，为了避免出现这种情况，上司必须在平时就和下属建立良好的关系。

上司和下属承担责任的分量是不同的，上司在下属犯错时必须一并担责。虽然也有上司会将责任推卸给下属，说都是下属自作主张，并非自己的指示，才造成了一些不利的局面，但这样做并不能解决问题。

工作中的竞争是良性的吗

在这个时代，企图通过让下属竞争来提高工作效率的做法已经落伍了。

在竞争中落败的人只会被挫伤勇气，并不会为了下一次的胜出而努力拼搏。在竞争中胜出的人也会一直战战兢兢，担心自己下次落败。竞争是损害人精神健康的第一要因。

竞争的弊端不只会影响个体，还会影响到整个组织，甚至整个社会。只要存在竞争，就会有胜利和失败，整体看来，正负抵消相当于零。

只要生活在竞争之中，有人就会不顾一切地希望自己能够胜出，并为此不择手段。他们认为，只要能胜出，哪怕撒谎、违规也在所不惜。

进入公司之后，人们围绕升职进行的竞争非常激烈，与考试竞争不能同日而语。对于考试来说，学生只要努力就有可能通过。但对于职场来说，公司中有些事是说不清的，很多人即便有实力也未必能获得升职。

当得知竞争不会有结果，有实力未必能升职时，有人就会对升职这件事彻底失去兴趣。这并不意味着他们不渴望升职，而是知道升职与否和自己的价值没有任何关系。也有人觉得无法升职就是失败。在我看来，升职应该只是结果，员工并不需要为了升职而工作。

竞争的弊端在于，有人只要知道了自己不能在竞争中胜出，就会放弃发起新的挑战。工作不可能总是一帆风顺的，胜败说到底都是一时的结果。如果员工因为害怕失败而放弃挑战，工作也就失去了意义。

下属害怕失败的原因还有上司欠妥的处理方式。对于下属的失败，上司也应承担责任，但很多上司只知道斥责下属，拒绝承担责任。在这种情况下，下属也逐渐不再琢磨如何创新，只是一味按照上司的要求去做，这真是令人惋惜。

而这样的下属面临退休时，会突然发现所有的事情今后都必须由自己来决定，得不到任何指示，他们常常会感到不知所措。

这些人不仅无法充分享受自由，还会感觉自己仿佛受到了惩罚。自由非但不会让他们获得解放，反而会让他们的人生痛苦不堪。

工作和幸福是什么关系

有一次，我在企业研修会上做演讲时，一位看上去一直没有认真在听的公司负责人突然向前探出身体听我讲话。

我当时说的是：人不是为了工作而活着，而是为了活着而工作。“为了活着而工作”指的当然不只是为了生计而工作。一个人走出校门之后，每天有一大半的时间都在工作，因此会认为工作比任何事情都重要，认为自己是为了工作而活着。

日本哲学家三木清将成功与幸福进行对比后说过这样一段话：

幸福是存在，成功是过程。人若想获得成功，就必须完成某项事业。但就算什么都没有完成，也可以是幸福的，活着本身就是幸福的。“为了活着而工作”中的“活着”就是幸福地活着的意思。

具体一点说就是，人不是为了工作而活着，而是为了幸福地活着而工作。**人无论工作与否都可以是幸福的，所以严谨说来应该是，人为了幸福地活着可以选择工作，也可以选择不工作。**

当然了，感觉工作无比快乐的人大概也是有的。先不说工作，我们把同样的问题套在吃饭上试试看吧：人到底是为了吃饭而工作，还是为了工作而吃饭呢？

对于这个问题，可能也有人会不假思索地回答“为了吃饭而工作”吧。这样的人往往能从吃中获得快乐，吃好吃的东西时能够体会到人生的价值。认为工作和吃饭都非常快乐的人大概会毫不犹豫地说出“为了工作而活着”吧。

假如工作不能让人获得丝毫快乐，那就有必要思考一下如何看待工作了。有人每天任劳任怨地工作，却感觉活得很痛苦；也有人认为工作令人快乐，每天所思所想全部是工作。这两种人都需要重新认识自己的工作方式。

不想积极地工作，但为了生活只好无奈地妥协，甚至不得不牺牲自己的幸福，这样做是没有道理的。如果认为为了生活，即便是不喜欢的工作也必须做，那么你可能已经被公司的逻辑同化了。

虽然为了支持兴趣而工作也未尝不可，但如果一个人为了赚取花在兴趣上的钱而不得不去做一些无聊透顶的工作，可就称不上圆满了。

如果一个人能够懂得幸福比工作更为重要，那么即便他退休以后继续上班，大概也会采取跟之前不同的工作方式。

总之，人们只要不囿于退休后必须上班的思维定式，或许就能无拘无束地思考工作这件事了，也许还能以和之前完全不同的工作方式继续工作。

人的价值不在于生产性

在企业中演讲时，我还谈到了“人的价值不在于生产性”这一话题。

如今的社会越来越倾向于一味追求经济效益、效率和性价比，人如果不能生产出点什么东西，就会被视作没有价值。

曾经发生过的一连串残障人士故意伤害案就是因为有人认为残障人士什么都做不了，活着也没有意义。虽然这属于极端个案，但是应该有不少人真的认为人做不了事就没有价值。

这些以生产性来衡量人的价值的人似乎压根儿没有想过，自己有一天也会因为上了年纪、罹患疾病或者突发意外而变得对许多事情无能为力。

人一旦患上不得不住院治疗的重病，有一些价值观就会立即发生改变。其实不必亲身经历，假如你身边有人病倒，或者你稍微想一想自己年纪渐长后越来越衰弱的身体，想法就会随之发生改变，并会重新开始思考未来。

有人就算不生病，等到退休后不再工作，或者虽然继续工作，但工作的质与量都发生了改变的时候，他们就会开始转变思维方式了，他们将不再依据生产性做价值判断。

工作的本质是他者贡献

我认为工作的目的在于他者贡献[①]。**人若想接受真实的自己，就必须拥有贡献感，这种贡献感需要通过工作获得。一个拥有贡献感的人，能认可自己的价值，也能走进人际关系中，继而获得幸福感。**

有人只把贡献理解成鞠躬尽瘁，但如果忽视自己的身体健康，因为感到责任重大而最终“过劳死”，工作也就失去了意义。

有人会为了拯救他人牺牲自己，这种做法虽然伟大，

①属于阿德勒心理学上的概念，指的是一个人对于其他人的贡献和帮助。——编者注

却不值得提倡。我们不能要求每个人都为他人做出牺牲。

真正地为他人做贡献是感受不到自我牺牲的，反而能够从中获得快乐。从这个意义上说，在工作中，我们如果无法感受到自己有益于他人，或者认为获得利益的前提是牺牲他人，那么哪怕得到再高的报酬，也无法感到幸福。

然而，即便我们在工作中能够收获贡献感，但如果被迫长时间工作却无法取得丰足的报酬，也会存在很大问题。“从事的工作是不是自己真正喜欢的”“做了喜欢的工作之后是否就能为他人做贡献”，当我们开始思考工作的这些意义时，人生也会逐渐发生改变。

有个年轻人说自己无法从现在的工作中获得贡献感，因为这份工作虽然收入丰厚，却是建立在给许多人带来不幸的基础之上的。他说，或许有人不去思考这个问题，认为只要能赚到钱，什么样的工作都可以做，但是他不行。所以他还是想当医生或者律师。当我提出这个问题只能通过应试学习得到解决时，他却说自己办不到，因为每天工作到半夜，自己回家后就算想学习也会很快昏昏欲睡。

如果这个年轻人想当医生或律师只是为了获取个人的

成功，那么当他感到学习辛苦时很可能就会半途而废。因为他关心的只是自己，也就是说，他是为了自己而学习。

对这个人而言，最重要的或许并非为他人做贡献，而是获取更高的收入以及别人如何看待自己。他之所以想当医生或者律师，也许就是想找一份能满足这两个条件的工作。假如真是这种情况，我大概会敦促他重新思考一下自己到底想做什么，毕竟医生和律师的工作差异很大。学生考大学也是一样的道理。有的学生在选择大学的时候只考虑学校的等级，管他是经济学院还是法学院，总之只要能进入知名大学就好。可是他们总会从经济学院或法学院毕业，后面的人生之路是否也该考虑呢?

我的一位朋友在年过四十五岁时突然从就职的公司辞职，进入医学院学习。虽然在世俗人的眼里他之前的人生已经很成功了，但他从医的想法很坚定，这是因为从年轻时他就想当医生了，他希望通过救死扶伤的方式来为社会做出贡献，而不是为了获取个人的成功。值得注意的是，人们年轻时改变人生之路相对会容易一些，许多人在四十多岁时即便有什么想做的事情，大概也会有更多的阻碍。

诺贝尔和平奖获得者阿尔贝特·施韦泽（Albert Schweitzer）是神学家、哲学家、管风琴演奏家。在三十多岁的某天，他突然决定去非洲。当时，学者和艺术家的身份已经让他忙得不可开交了，但为了给非洲人民提供帮助，他开始见缝插针地学习医学。施韦泽之所以进入医学院学习，与其说是出于兴趣，不如说是出于人道主义精神。

周围的人都指责施韦泽的管风琴老师为何不阻止他这样做，老师回答："这或许是上帝对他发出了召唤。既然如此，我又能怎样呢？"如今或许已经很少有人使用"天职"一词了。"天职"在英语中被称为"使命"（calling），在德语中叫作"职业"（beruf），二者都有"受到上帝的召唤"或"被上帝唤出"的意思。

假如我这位改行学医的朋友没有想要帮助他人的强烈愿望，大概很难做到在日常生活中埋头于应试学习。

带着使命感工作的人和带着义务感工作的人的工作方式是完全不一样的。虽然这两种人都认为自己必须工作，但对于第二种人而言，工作是被强加给自己的，不是自己想要主动去做的。

在义务感的驱使下工作会使人感到厌烦。倘若一个人从事的工作是年轻时就想做的，并且他一直以来都能从工作中感受到喜悦，那么即便退休后他不得不为了生活继续工作，也依然会感受到喜悦，而不会认为自己只是工作的奴隶。

学习也是一样。要想把学习坚持到底，学生需要发自内心地认为学习是快乐的，且认为了解未知事物的过程是令人兴奋的。我们小时候不就是这样的吗？我们常常带着强烈的好奇心询问父母，或者想自己动手了解并探究问题。

如果能快速记住知识或者在考试中取得好成绩，有人就能感受到学习的快乐，但也有人能对学习本身感兴趣。从这个角度说，入学考试虽然是竞争，但其中肯定也有发自内心喜欢学习的人。

谈到学习目的时，我们也必须知道学习并非单纯地为了自己。

有一次，我去一所每年都有许多学生考入京都大学和东京大学的初高中一贯制学校做演讲，也因此有机会观察学生们的学习日常。我发现学生在入学之初就会迫不及待地讨论哪所大学好或者想考哪所大学。

我感觉学生们在讨论选择哪所大学时关注的恐怕并非学什么，而是一份好大学的文凭。比如，想考医学院的学生清楚地知道自己要学医，但他们或许并未想过自己为什么要当医生。他们想的是通过应试学习考入医学院，毕业后通过国家的资格考试成为医生。他们只是心无旁骛地为了应试而学习，无关的事情一概不去思考。

有时我会跟考生家长谈起孩子学习究竟是为了什么。当我提出学习是孩子们的事，家长不能干涉太多时，有的家长会说考试之前不能影响孩子的情绪，所以不能让孩子谈“为什么学习”这种与考试无关的话题。这个回答真令我吃惊。

对某些考生家长而言，学习仅仅是孩子考入大学的手段。但我们知道，进入大学后的学习远比应试学习重要得多，难度也大得多。比如，要想成为一名优秀的医生，医学院的学生必须不断地积累知识和钻研学术，因而通过考试之后更需要努力学习。

只有认识到自己想做的工作能够在何种意义上对他人做出贡献，学生才能在备考时不辞辛苦地努力拼搏。

在公司工作也是一样，只有在工作中获得贡献感，员工才能一直坚持下去。这种贡献感无法量化，外人也可能无法去感同身受。

贡献感到底是什么？小时候有机会对他人做出贡献的人，不必解释他们也会懂。反之，对于没有这种经历的人而言，即使解释了，他们也无法理解。

有的家长会让在高升学率学校就读的孩子远离家务劳动，认为孩子只要学习就好了。等到考试临近时，这些家长还会把电视的音量调小，说话的声音也会压低，战战兢兢，唯恐影响孩子的学习。

那些误以为自己只需学习就可以拥有特权的孩子，出了家门也会只考虑自己。记得某次电车门刚一打开，我就看到一个小学生不等别人下车便自顾自地往上挤。或许他必须找个地方坐下来写作业吧，但我挡住了他的去路，没让他马上进到车里。

只关心自己而不考虑他人是不行的。一个人如果有才能，我希望他能把自己的才能贡献给他人。只关心自己的精英人士只会贻害无穷。

他者贡献是自己的事情

是否有必要拥有贡献感说到底是个人的事情，应该由每个人自己去感受，而不应该由社会强加于人。阿德勒提到过“贡献感榨取”，指的是某些人会利用希望对他人做出贡献的人的善意来作恶。

关心他人的人会从做贡献的行为中收获喜悦，因此不需要被谁强制也能用心投入工作，但是我们不可以恶意地利用他们的贡献感。

员工能够在工作中有贡献感固然重要，但更理想的是员工能以将贡献感彻底忘掉的状态投身于工作并收获喜悦。只要自己所做的事对他人有益，有些人即使不谈贡献感也会感到快乐和满足。这样的人令人钦佩。

倘若一个人能够在工作中心怀贡献感，那么即便他在退休后继续默默无闻地工作，大概率也不会心怀不满。

谁都希望退休后也能够继续发挥自己的专业技能，我认为，企业给退休返聘人员强行安排违背其意愿的工作或者大幅削减薪酬都是不对的。

做出这些不合理决策的人或许是在为公司考虑，但可能他并未想过等到自己退休返聘时也会被大幅减薪。因此，不光是即将退休的人要努力改变不合理的现状，在职人员也需要努力这样做。

目标就在此时此地

目标听起来像是未来的事情，实际上目标就在此时此地。我在与古贺史健共著的《被讨厌的勇气》一书中用“引导之星”一词来形容他者贡献。旅行者为了不让自己迷路，以北极星为指示标。只要能看到这颗引导之星，就不会迷失方向。

无论在工作中还是生活中，当我们思考自己现在到底为什么工作、为什么活着的时候，请记住：我们的目的是他者贡献，也就是在对引导之星进行确认。

《被讨厌的勇气》中的主人公说这颗引导之星就在不远的上空。也就是说，我们可以不必设立目标，普普通通地活着、普普通通地工作，这就是为他人做贡献。

普普通通地工作并不意味着我们不需要取得成功，而是说工作时可以不必达成某种既定目标。如果员工一定要将成功设定为工作目标，那就意味着假如不获得成功，工作便失去了意义。如果这样想，员工在日常的工作中也感受不到贡献感。这样的员工以这样的状态退休，自然也就不会认同自己的价值了。

这和前文提到的三木清对成功与幸福的区分是一个道理。**成功需要过程，最后会达成某种目标；而幸福是存在，即便不能达成任何目标，人依然可以幸福。**

即便不追求成功，我们的工作成果也依然会以某种形式服务他人。明白这一点就能感受到工作的价值，但我们通常是看不到将自己制作的东西拿在手里的那个人的。我写了好多书，却并没有多少机会和读过这些书的人直接见面交谈。销量数字只代表自己的书被送到多少人手里，销量好并不能带来贡献感。我写书时想的是，哪怕我的书只被送到一个应该被送到的人手里，并且能够改变那个人的人生，也是好的。假如写书的目的是出版畅销书，那就仅仅是想取得个人成功并得到世人认可罢了。

如果说，即便薪酬被削减，员工在工作期间也是可以获得贡献感的，那人们等到自己慢慢无法工作的时候，是不是就失去贡献感了呢？像这样值得我们思考的问题还有很多。

定年をどう生きるか

第 4 章

如何看待新的人际关系

无论是上班还是退休，我们都应该和他人建立一种对等的关系。如果你在上班时过分看重自己的头衔和社会地位，退休回到家后请一定要抛下它们。

一切喜悦均来自人际关系

人际关系令人心烦，只要和人发生关系，就一定会产生摩擦。从这个角度看，阿德勒所言极是："**一切烦恼均来自人际关系。**"或可说，人际关系是烦恼之源、不幸之源。

让我们试想和家人一起生活的时光。如果我们与儿孙共度的美好时光是建立在去迎合他们的基础上，我们便会感到心累，认为独自生活更有满足感。

正如本节的标题所说，生命中的喜悦和幸福都只能从人际关系中感知。这并不意味着我们必须和什么人在一起或结婚，而是说人总是需要生活在和他人的联结之中，在这个过程中既会产生烦恼也会收获喜悦。

即便那些厌烦和他人发生关联，唯恐因此受到伤害并愿意孤独下去的人，也不可能完全避免在生活中和他人产生关联。孤独的前提是他者的存在，倘若这个世界真的只有一个人，那这个人的孤独也就无从谈起了。

即便是害怕或避免涉足人际关系的人，也会在不知不觉中寻求人与人之间的联结，事实上不会有谁能完全独立于他人生活。

尽管人际关系有可能出现暂时的恶化，我们在努力修复和改善人际关系时也可以给人生带来喜悦。

比如谈恋爱时，两个人在交往时偶尔见见面，可能更多感受到的是快乐。可是结婚以后，谁也不可能总是在生活中展示自己好的一面。两个人每天待在一起，必定会发生冲突，即便如此，大部分夫妻也不至于马上离婚，反而会在冲突与解决冲突之间幸福地生活。

可以说无论在什么样的关系中，我们都会因为与人发生关联而产生喜悦。有人退休以后会产生隐约的不安，他们不仅是在为金钱和健康之类的问题担心，也是在为全新的人际关系而感到忧虑。人通常会对自己从未经历过的事感到不安。

实际上人们在退休后建立的人际关系未必会不顺利。有人可能一开始会觉得心烦或痛苦，之后就能感受到喜悦了。

为了能够在退休后的人际关系中感受到喜悦，我们除了付出努力，还有必要改变自己的认知：**某一天我们都会退休，但并不会立即无事可做。同样，之前的人际关系也不会在退休后立刻消失或变得糟糕。总之，退休后并不会发生特别可怕的事情。**

与社会产生关联意味着什么

这里说的社会实际上指的是人际关系，阿德勒称之为“共同体”。这个共同体的最小单位是由“你”和“我”构成的关系，最大可以扩展到宇宙。但对之前一直在公司工作的人来说，公司大概就是最大的共同体吧。

当然，这些人也并非没有考虑过自己所在的地区或国家，况且不考虑这些，工作也无法进行，只是大多数人认为让自己产生归属感的共同体就是公司，很多人在自我介绍时会首先报所在公司名的做法就证实了这一点。

对于退休的人来说，退休以后公司就不再是归属地了，他们必须在家庭和地域社会中重新寻找安身之所。当每天长时间置身其中并为自己提供人生价值的地方发生改变时，有人大概会产生强烈的失落感。

退休之后，我们便不能再对家庭和所在地区中的人际关系视而不见了。如果我们依然像之前那样生活，即便伴侣关系没有问题，恐怕也得比从前更加认真地关注和年迈双亲之间的关系吧！

对于退休的人来说，其所在地区的人际关系，只要不十分密切，便不会对他们产生什么大的影响，问题在于公司中的人际关系已不复存在。无论一个人独自生活还是和家人共同生活，当他在公司中的人际关系消失之后，公司外的人际关系也必须相应地发生改变。

如果你明白了公司内的人际关系已经消失或者迟早会

消失，就应该更加重视退休后如何与家人以及所居住的地区发生关联。

与社会发生关联意味着什么呢？阿德勒使用了德语中的“伙伴”（mitmenschen）一词来作答。其中，menschen 意味着人，mit 意味着连接、绑定、在一起。

然而，有人无法把他人当作能在彼此需要时伸出援助之手的伙伴，也不认为自己需要和他人有联系。不仅如此，他们甚至认为自己和他人是对立的。这样的人不仅不把他人当作伙伴，还会当作“敌人”（gegenmenschen），意思是与人敌对。

将他人视作敌人的人会认为他人一有机会就会陷害自己。如果在一家公司中，员工只能通过在竞争中获胜来获得晋升，那么对于一直身处这种环境的人而言，他人就是敌人，尽管他在情感上可能并不讨厌对方。

对于在工作中没有找到或根本找不到重大意义的人而言，虽然不至于将职场上的人视作对立的一方，但他们或多或少也会思考对方是敌是友。

关系为何会发生变化

一直习惯于将他人视作敌人的人，在退休后与社会产生关联时也会延续这种态度，他甚至会用同样的态度看待自己的伴侣和身边的人。

当然，这样的人也可能选择不寻求与他人关联，但这样做需要明确自己的态度。比如要不要走进人际关系中，倘若要，应该采取什么形式。换句话说，应该以什么样的距离与人交往。

无论采取何种形式，如前文所言，人毕竟是无法一个人生活的。即便人们将关系缩小到最小限度，也需要慢慢建立新的关系。如果退休的人还像上班时那样与周围的人保持距离，保不准会惹来麻烦。

我们已经了解到，将父母、孩子或者伴侣视作敌人的做法有很大的问题。但即便一个人不将家人视为敌人，只是不能把他们视作伙伴，也依然意味着和家人之间的关系不对等。和家人之间建立互相联结的关系，在对方有需要的时候能自然而然地伸出援手，这些都需要我们平等地看待对方，否则很难真正把对方当作与自己密切关联的伙伴。

虽然退休之前的人际关系已经过时了，但有人退休后依然会将公司里的那种纵向关系带进家里，这样做只会破坏自己与家人的关系。

工作时建立的人际关系与退休后建立的人际关系实际上并没有太大的区别。虽然退休的人离开了公司，失去了职位，但是他们在工作中建立的人际关系是有可能保持的，特别是基于深厚的友谊的工作关系。

即便有人对同事的个人情况一无所知，工作依然可以照常进行。不管对方的性格和人品如何，只要这个人能出色地完成任务就行。职场中最重要的还是工作能力。说得极端一点，即便一个人在做人方面十分令人讨厌，只要他有才能，也值得共事。

现如今，工作中搭档的选择变得越来越重要了。上司和下属都希望和有能力的人共事，能力意味着工作上的硬实力。可是无论什么工作，我们都不可能把工作完全从人际关系中剥离开来，能够协作也是工作能力的一部分。

但这并不意味着我们在工作之外也必须和同事保持关系融洽。如今已经不是只要搞好关系，即便工作做得不好也会被当成好人的时代了。能与同事协作意味着能把自己的工作做好，能理解工作是团队作业，不抢功，不把个人情绪带到职场上。要知道，团队中哪怕只有一个人不配合，工作也会变得不愉快。

将以上这些情况考虑进来，我们便不能单纯地将人际关系中的人性、人品与工作角色切割开来。一个从事销售工作的人可以和顾客搞好关系，却无法与同事或上司建立良好的关系，这种情况几乎是不可能存在的。

如果一个人一定要强行说服自己和某个人之间仅仅是工作关系，不必成为朋友，那这种行为本身也恰恰可以成为工作关系与朋友关系不可分割的佐证。

如果你在工作中愿意和某个人共事，那么可以说你与对方超越了工作关系，能把对方当作有血有肉的个体。说得更透彻一点，如果一个人能摘掉角色面具，在人与人的联结中工作，那么他便能够和他人建立对等的关系，可以一视同仁地对待他的下属和上司。

不过，**如果一个人在退休之前过于看重工作职责，无法摘掉角色面具，那么他就不能在职场上建立良好的人际关系，还可能始终无法意识到这一问题。**等到退休后，人们不再需要面具了，如果一个人依然无法将面具摘除，依然执着于纵向关系并且企图将其带入新的人际关系之中，就会遭到周围人的白眼，其本人可能还不自知。

在家里也可能会出现同样的情况。在职场上受人尊重的领导在家里通常也很有地位，这样的人在退休之前通常在家里维持着纵向关系，戴着上位者的面具生活。不被家人接受的情况往往发生在退休以后。

这样的人在公司上班时或许还能单纯地生活在工作关系之中，但退休以后，如果还不懂得如何建立新的人际关系，就会马上陷入困境。

朋友关系的具体情况也不尽相同。比如，我们可能和邻居或关系不怎么亲近的亲戚之间也属于朋友关系，但谈不上是一般意义上的朋友关系。

再者，我们和伴侣、父母、孩子，尤其是和伴侣的关系是比朋友关系更为亲近、密切的关系，建立良好的亲密关系更不容易。有人以前还要花很大心思在工作上，但是退休以后便必须直接面对自己的伴侣了，再也不能在面对两个人如何度假或孩子的教育问题时用工作搪塞了，再也不能对对方说“有工作，所以去不了”或者“孩子的教育交给你了”之类的借口了。也许有人以前在家里情绪不好时还可以将其归咎于工作，但退休后也没法找这样的借口了。

公司里同事之间的关系根本上也算是朋友关系，但一个人如果只埋头干活，对这种关系视而不见，工作也还是能做下去的。但如果这个人对家人视而不见，就无法维护和伴侣的关系了，这会产生影响生活质量的大问题。

有人在退休后直接面对伴侣时，工作期间忽略的亲密关系的问题也会逐渐凸显出来，这可能会让亲密关系变得岌岌可危。但是如果能够建立起新的关系，夫妻之间也有可能越来越融洽，虽然做到这一点是很困难的。其实任何关系都是一样的，即便我们最初不能建立良好的关系，通过努力也可以让关系有所改善。

构建对等关系

正如前文所探讨的那样，**我们需要和他人建立一种对等关系。要想彼此对等，就必须将人本身的存在和生命视作人的价值。**头衔和社会地位在家里已经不再适用，自然也就完全没有意义了。

我们要坚定地相信，即便人们退休后收入减少了，人本身的价值也不会降低，在家中的重要性同样不会改变。也就是说，即便我们今后因为上了年纪或生病而对越来越多的事情无能为力，我们自身的价值也不会降低。

值得注意的是，如果你退休后在家里的时间越来越多，就有必要开始做一些退休前不会去做的事情。一直以工作为中心的人在退休前往往会忽视大多数家务，这样的人在退休后必须脱离这种“娇生惯养”的生活。

退休前经常出差的丈夫往往会将出差前的准备事务完全交给妻子去做，有人甚至连银行的 ATM 机都不会用。退休后他们必须学会处理身边的事务，学会做家务，毕竟谁也无法预知伴侣会不会有一天先自己而去。

我认为不应根据性别对家人的角色进行固化，每个人都应该做自己擅长的事情。有人之所以会觉得自己有特权，是因为他们从小就被娇生惯养，在家里一直以自我为中心。

如我们在前文中探讨的那样，**在共同体中找到归属感是人的基本需求，但这与处于共同体的中心完全是两回事。**

要想摆脱这种以自我为中心的倾向，我们必须明白他者（退休后主要是家人）不是为了满足自己的期待而活着的。当然，我们也不是为了满足他者的期待而活着的，他人也必须认可这一事实。

从小就被娇生惯养、以自我为中心的孩子长大以后也会根深蒂固地认为周围的人都是为了满足自己的期待而活着的。

以自我为中心的人虽然在职场上也会被人嫌弃，但可能依然会有自己的一席之地。可是如果他们在家也这样，大概没有人会认可其存在吧。

什么是“成熟的爱”

我们只有学会爱他人，才能避免以自我为中心，将自己从中心里解放出来。如果一个人认为他者活着就是为了满足自己的期待，那么一旦他者不能满足自己的期待了，就会心生不满。当我们学会爱他人时，就会发现两个问题。

其一是就算我们喜欢一个人，也未必会得到对方的回应。有过这种经历之后才会发现，原来这个世界上还存在不以自己意志为转移的他者。

其二就是尽管这个他者不以自己的意志为转移，无法满足自己的期待，却也并非是我们的敌人，而且非常可能是伙伴。

“伙伴”一词意味着人与人之间的联系。孩子没有父母的援助就无法活下去，妻子与丈夫互相帮助，共同抚养孩子，他们看着孩子睡熟的脸蛋会获得内心的安宁，人就是这样彼此联结在一起生活的。

孩子最初仅仅是被父母爱，但很快他们就会学会爱自己的父母，开始给爸爸妈妈画画、写信、送礼物。

我们学会爱需要一个巨大的飞跃。孩子什么都不做也会被人疼爱，可是他们要做到爱父母或周围的人，就必须在意识上做出改变。长大之后依然做不到爱别人的人大概率都是那些曾经被娇生惯养的孩子。

如果一个成年人因为自己不被喜欢就放弃对方，就称不上爱对方，这样的人只是希望被爱而已。有人即便自己的情感不被人接受也要爱对方，不去考虑对方会为自己做什么，而是考虑自己能为对方做什么，这才称得上是成熟的爱。退休后的人有更多时间和自己的伴侣或年迈的父母相处，也更有机会缔结这种成熟的爱。

免疫学家多田富雄患脑梗死病倒后，虽然捡回一条命，但却失语了，并且右侧身体变得不能动弹。多田富雄在拼命进行康复训练时想到了妻子，他在《沉默寡言的巨人》一书中写道：

是啊，不是还有一个人和我一路同行吗？好吧，我要活下去。

其实，人不单单在生病时会发现这样的事。夫妻在工作和育儿阶段各忙各的，很少能深入交流或一起行动，这样的关系在退休后会发生改变。

有不少妻子对丈夫在家中试图维持纵向关系、不肯摘下面具感到厌烦，有的妻子甚至会因此考虑和丈夫离婚。

但是假如丈夫能够把妻子当作伙伴，与之建立一种和之前完全不同的关系，夫妻双方后面的人生应该会很不一样。

很多人工作期间因为和同事处于激烈的竞争关系之中，很难把对方当成伙伴。但是步入新的人生阶段之后，我们与伴侣以及年迈双亲便有可能建立起从前没有体验过的朋友关系，甚至是成熟的爱的关系。

如果一个人将他者看作敌人，而不是对等的存在，那么退休后的人际关系可能就会令人痛苦。但是一个人若能在退休后建立成熟的爱的关系，人生便不会那么痛苦了。

一个人生活会孤独吗

当听到年轻人说自己害怕“孤独死”时，我感到很吃惊。但如果有人余生不多，“孤独死”不再只限于想象，而是慢慢变成现实时，害怕就是理所当然的了吧？有人虽然现在仍和伴侣一起生活，但可能也会陷入恐惧，担心有朝一日伴侣会先自己而去。

下一章我们会谈到，未来就是“尚未来到”，或者说得直白一点，就是“无”。该发生的自然会发生，不该发生的不会发生。既然如此，人们为今后可能发生的事情杞人忧天是没有意义的。

有位妻子在照顾患了疑难病的丈夫时被医生告知，她丈夫的病肯定会复发，于是她向我咨询今后该以什么样的心情活下去。“丈夫的病会不会复发”“假如复发会是什么时候”，这些问题连医生也说不准。我的回答是，既然如此，你就不要为那一天的到来提心吊胆，徒然让今天与丈夫共度时光的喜悦化为泡影。

我经常听说，人一旦和伴侣永别，开始独自生活，多半会经受孤独寂寞。那么，怎样做才能避免这种情况呢？有人说孤独、悲伤、寂寞等消极情绪会在闲暇时涌上心头，所以要有意识地让自己忙起来。可是这样一来，有些人好不容易能脱离工作自在度日，却又不得不为了做点什么而拼尽全力。

我的建议不是要让自己忙起来，而是要让自己的生活变得充实，从而无暇考虑将来的事情。

一个人生活未必会感到孤独。相爱的两个人当然希望一直在一起，但如果不能永远在一起就无法获得满足感，这也是很可笑的。这样的关系是依赖，不是爱。**两个人在一起虽然更快乐，但一个人也能生活，这才是真正意义上的独立。**

是爱让我们永世长存

三木清在《人生论笔记》一书中写道：

> 随着所爱之人和亲近之人不断死去，我对死亡的恐惧反而越来越淡薄。

我曾在电视上看到一个七十多岁的男人谈到刚离世不久的妻子时说:“工作真的是无所谓的。”我从这句话中可以感受到他深深爱着妻子。

能说出这番话，死亡或许已丝毫不再令他害怕了。很明显，只要他还活着，就绝不可能见到他的亡妻。所以他心怀希望，期待着死后或许可以相见。

三木清还写道:

> 能够再次见到离世的亲友是我最大的希望，但大概除非我死去，否则绝无可能吧？此生此世我不可能再见到他们，此生此世再见面的概率是零。

当然，人们死后也未必能够与先行离世的故人相见，但也不能断言这个概率是零。

三木清提到，如果要打赌我们和亡人到底会在这个世界还是另一个世界相见，那么他会毫不犹豫地选择赌在另一个世界相见。我也这样认为。

三木清的妻子因病早逝，深爱妻子的他应该也会屡屡记起亡妻。他已无法再见到她的面容，听到她的声音，也无法触摸到她的手臂。但是想起她的时候，三木清依然可以感觉到她和活着时一样，就在自己身边。在这样的时刻，三木清坚信妻子永世长存。

坚信这一点的人大概也会认为，挚爱之人在自己死后也会时刻想起自己。

三木清还写过：

> 我真正爱着的东西也会使我永世长存。

定年をどう生きるか

第 5 章

为了现在的幸福

运动有两种类型，直线运动和环形运动。直线运动必须抵达终点才能完整，比如马拉松运动。而环形运动则像跳舞一样，每时每刻都是一种完成。人生更像跳舞。

第 5 章
为了现在的幸福

人生不是直线运动，而是环形运动

有人会对人生进行规划，这些人之所以认为人生可以规划，是因为他们感觉自己能够预见未来。一个人但凡经历过一些波折，有过想做什么却没有做成的失败经历，就不会认为未来是可以预见的。

人年轻时，哪怕一时受挫，甚至屡屡受挫，也不太可能会认为后面的人生会充满痛苦。如果一个人野心勃勃，那么无论现状如何，他或许都会相信辉煌的未来在等待着自己。然而，即便是这样的人，也很难对退休后的人生充满希望。因为他们无法看清今后的人生会怎样，也无法看到一个充满希望的未来。

我年迈的父亲有一天突然说:“无论从哪方面考虑，今后的人生都要比从前的更短一些。”

如果能保证未来一定会活很久，人们大概就会自然而然地想要进行人生规划吧。但如果觉得未来可能活不了那么久，人们就会觉得做这种规划没什么意义。

有人说现在是“人生百年”时代，并笃信自己能够长寿，这令我非常吃惊。也有人认为年逾花甲就意味着人生来到了第四个拐角，这样想的人就算不认为人生有百年之久，大概也会觉得自己至少能活到八十岁吧。

就算进行规划，我们的人生也未必会按照规划发展，无论年轻年老都是一样。上了年纪以后，我们或许对很多事情都会感到无能为力，年轻人也一样，如果生了病，他们对很多以前能做到的事也会感到无能为力。

所以，我有时会劝人干脆不要做人生规划，毕竟若人生不能按照规划发展，做人生规划便没什么意义了。

我之所以劝别人不要做人生规划，是因为：未来不可预见；**如果制订计划，现在就会变成未来的准备阶段。然**

而，无论能否取得某种成功，人都只能生活在此时此地。

亚里士多德将运动分为两类，一类有起点和终点，叫作直线运动。这类运动的目的在于到达某个地方，所以运动者必须尽可能地提高效率，且做直线运动，一旦中断，运动就会变得不再完整。马拉松就属于这类运动。

另一类运动叫作环形运动。舞蹈就属于这类运动，当音乐停止时，舞蹈就会结束。跳舞的目的不是要到达某个地方，大概也不会有人为了去到某处而跳舞。舞者只有在此时此地快乐地跳舞，跳舞才有意义。

要说人生与哪种运动相似，我认为是第二类的环形运动。如果人生是直线运动，每个人都必然死亡，那么高效的生活便意味着尽可能早死，当然不可能有人活着就是为了早点死去吧?

有人认为人生的意义就是制订计划并努力使之成为现实，也有人会努力让自己的人生变得尽可能高效。这些人讨厌做徒劳无功的事，讨厌走弯路，认为努力实现目标的时时刻刻才是人生，所以他们的人生不能有分毫浪费。其实，看上去是弯曲的路可能并非弯路，而只是现在正在走的路而已。如果人们能够懂得这个道理，人生态度也会发生改变。

也就是说，现在并不是为了实现未来目标的准备阶段。没能考入目标学校而成为复读生的日子或者不去上学的居家时光，都是一些人正在经历的人生。**现在不是未来的准备阶段，也不是正在进行的直线运动。活在当下的人生才是真正的人生。退休后的人生也是一样，它并非戏剧终结后的谢幕，而是正戏的继续。**

人生追求的不是成功，而是幸福

我们没有必要把人生的各个阶段放在一起比较，它们在价值上也没有优劣之分。或许某个阶段的人生对很多人来说不尽如人意，但这样的看法也只是社会上的一般认知而已。

有人认为，即便年轻时默默无闻，上了年纪后在公司的工作状况也没什么起色，但如果退休后的人生能够取得辉煌，过去的风景也将随之改变，正所谓“只要结局好，一切都好”。但我不这么认为。

如果要通过结局的好坏对人生进行评判，那么像希腊神话中俄狄浦斯王那种落魄而亡的人生结局，可以说是糟糕透了，但我们并不能说他的人生一无是处。

认为“只要结局好，一切都好”的人也会认为人生只有取得成功才称得上“好”，但其实成功并非考量人生的唯一标准。

比如，对于因过度劳累而自杀的人，我们就不能仅凭最后的自杀事件评价他的人生，当事人本身也不希望发生这种事情。

苏格拉底因“不信奉雅典的神”和“蛊惑青年”的罪名被提起诉讼，并被处以死刑。即便在当时，因思想问题被处以死刑也是轰动性事件。但苏格拉底的思想能够流传至今并非因为他被处以死刑，而是因为他终身致力于向大众宣传哲学思想。

古希腊七贤之一的梭伦说过：

只要还活着，就没有人是幸福的。

因为人只要活着，就可能发生和挚爱之人生离死别、失去财产和地位、晚节不保之类的事情。**人也可以无时无刻都是幸福的，幸福与成功与否毫无关系。**

许多人在年轻时都会以成功为目标，但走着走着就会看清现实，发现这样的目标很难实现。

实际情况是，人们只要不把成功作为人生目标，就会轻松很多。正如前文所述，三木清认为成功需要过程，而幸福是存在。三木清使用了“过程”一词，其实是想说，**成功需要一个用来达成目标的过程，而幸福不需要达成任何目标，现在就可以是幸福的。**

前文谈到，运动有两种类型，直线运动和环形运动。直线运动是一种有起点和终点的运动，这类运动必须抵达终点才能完整，比如马拉松运动。成功便相当于这类直线运动。

环形运动则像跳舞一样，每时每刻都是一种完成。人生更像跳舞，就算不能在某个地方取得某种成功，就算不成功，此时此地正在经历的幸福就是全部。

三木清还说，成功是量化的，幸福却是质化的。

那么，升职算成功还是幸福呢？升职会涨工资，这可以看作量化成功，但涨工资只是升职带来的结果之一，不能将其简单地等同于成功。

许多学校的老师似乎都想转去管理岗，但我们并不能理解为每个老师都会这样想。因为转到管理岗，教书的机会就会减少。很多人当初是因为想当老师，才会在大学里取得教职学分，并为了通过录用考试而努力学习的。如果这样的老师转到管理岗，失去教书的机会，就有违初衷了吧？我从教多年，也在教书过程中感受过喜悦，这种喜悦是质化的幸福。我的许多朋友也有类似的体会，所以有很多老师会一直从教。如果他们退休之后也做一样的工作，工资却要减半，这多少会令人不满，但有机会教书这件事还是会让他们感到幸福。

也有一些老师渐渐忘掉初心，跟风想做管理岗并因此与其他老师竞争，一旦转岗受阻，还很有可能立即失去工作的动力。普通企业同理，很多技术人员都希望自己能转去从事管理工作。

当然，工作之后人们的兴趣也有可能和开始时的不一样了。尽管如此，从工作中感受到的喜悦应该还是一样的。只是我担心这种兴趣点会转移的人在开始考虑晋升时，其人生目标就会从幸福转移到成功上了。

对于这样的人而言，退休以后不仅不能获得晋升，还离开了公司，能否在人生中找到价值就会成为问题。但人生中也会存在与上班时不一样的工作方式。**如果在退休前就能以幸福为人生目标，那么就算退休后环境发生巨大改变，生活方式也应该不会出现大的变化。**

对于把与他人竞争和取得成功作为人生目标的人而言，就算他希望停止在今后的人生中追逐量化成功，也依然会感到困惑，因为以追求质化幸福为目标的人生与他之前的人生完全不同。

其实不仅仅是在退休前夕，我们在工作之初就应该追求质化幸福，我们整个人生都可以将追求质化幸福作为目标。虽然人人都在期盼幸福，但是对于怎样做才能获得幸福这个问题，每个人的想法却并不一致。

其实，我们不必将成功与幸福置于对立的两端，而可以将成功视作获得幸福的手段，只不过它能否带来幸福是无法确定的。

马可·奥勒留在《沉思录》中写道：

> 如果能放下对善恶无记[①]的执着和关心，那么这个人的灵魂中就有着过无比高尚的生活的力量。

“善恶无记”意味着无所谓善恶。《沉思录》以希腊话写就，在希腊语中，善与恶并不具有道德意味，仅以对自己是否有益相区分。

然而奥勒留认为，诸如生病、父母死亡等通常意义上被认为恶的事物本身也并不是恶。

大多数人认为何为善恶是不证自明之事，比如他们认为升职以及由此带来的加薪是善，因此才会汲汲于升职。

① 佛教用语，即善、恶、无记三性。——译者注

反过来，大多数人认为错失升职机会或退休后失去工作就是在竞争中失败，收入也会因此减少，所以这些都是恶。

奥勒留认为，如果一个人对以上这些或善或恶之事漠不关心，就可以活得堂堂正正。在此，奥勒留使用了“堂堂正正”一词，而对其产生重大影响的苏格拉底则使用了“好好活着”一词，这两个词引申开来都是“幸福地活着”的意思。

苏格拉底和奥勒留认为人人皆渴望幸福，这也是希腊哲学的一大前提。不存在渴望不幸的人。只是有人在选择获得幸福的方法时会犯错，有人认为成功就是幸福，因此工作中会以追求成功为目标，为了成功甚至可以牺牲自己的幸福。

有时候，人也可能会因为选错获得幸福的方法而变得不幸。成功和金钱本身并没有善恶之分，只不过有人为了获得成功或者为了攫取巨额财富变得扭曲麻木，和从前判若两人罢了。要注意的是，我们绝不能为了得到幸福而被金钱或地位俘虏，这一点非常重要。如果人们能这样想，即便在竞争中失败，即便失去工作，也不会变得不幸福。

人的价值在于活着

奥勒留将生命视为非善也非恶的中性事物，而苏格拉底说:“重要的不仅仅是活着，还要活得好。”

仅仅活着并不意味着能活得好，这一点我们能够理解。但怎样才算“活得好”却并非不证自明，何况是否有人可以对此做出判断也很成问题。

“活得好”指的是“幸福地活”，但这并不是说上了年纪、生病后身体不能动弹或意识丧失的人就没有活着的价值了。

我认为不应该把活着视为善恶无记，而是应该将其视作绝对的善。有人认为，如果什么都做不到，就失去了活着的价值。虽然我无法阻止人们这样想，但我并不认为他人或者组织可以做出这样的判断:“这个人已经什么都不能做了，所以他已经失去了活着的价值。”若真有人或组织做出这样的判断，后果将不堪设想。

有人不等他人对自己做出判断，就认为自己什么都做不了，所以活着没有价值。我希望这样想的人重新思考一下事实是否果真如此。

年轻时认为自己能够做什么才有价值的人等到年纪渐长、对许多事情都无能为力时，就会认为自己失去了活着的价值。这样想也可能是因为受到了日本社会上某种价值观的影响。

刚降生的孩子什么都不会做，他们需要得到父母源源不断的援助才能活着。但是父母不会认为孩子没有价值，他们觉得只要孩子活着就值得高兴。

只要活着就有价值，三木清所说的“幸福即存在”也是这个意思。只要看到孩子活着，成年人就能感受到幸福。

可是不知从何时起，有的父母不再认为孩子只要活着就值得高兴了。在当下的时代，很多人认为会做什么、能生产什么、获得某种程度的成功才算“好好地”活着，才算“幸福地”活着。这只是一种见解而已。

年老是变化而非退化

为什么人们会如此执着地以能做到什么来衡量自己的价值呢？为什么人们会认为做不到某件事，自己就是没有价值的呢？我们必须思考一下这些问题。

阿德勒将努力变得更加优秀称为“优越性追求”。他还在《自卑与超越》（*What Life Should Mean to You*）中说过这样一段话：

> 赋予所有人动机以及我们对我们的文化所做的一切贡献，其源泉都是优越性追求。人类的全部生活就是沿着这样一条粗大的活动线行进，亦即自下而上、从负到正、从败北到胜利地行进。

假如人类的生活就是进化式行进，假如活着就是进化，那就意味着努力使自己变得更加优秀的人现在就是处于下、负、败北的状态之下。

正如一个人因患病身体不能自由活动而接受康复治

疗，这种康复治疗并不能说是为了从败北状态转变为胜利状态吧？

如果经过康复治疗后，这个人又能像从前那样活动自如了，或许有人会认为他已从败北状态转变为胜利状态了。那假如他在接受康复治疗之后依然康复无望呢？是不是意味着这个人一直处于败北状态呢？

疾病不是相较于健康的败北状态，年老也不是从正到负的退化。

如果我们使用“优越性追求”一词，势必会令人产生上下、优劣的印象。阿德勒学派后来的研究者莉迪娅·西歇（Lydia Sicher）如此解释说：人都行走在同一个平面上。意思是有人走在前面，有人走在后面，但是所有人都走在同一个平面上，走在前面的人也并非更加优秀。

我自己也有过在医院接受康复治疗的经历。当时我走在长长的走廊上，大家都快步超过了我，而我却只能慢慢地行走。其实我使用“超过”这样的说法就意味着我将自己只能慢慢行走这件事与他人的快速行走进行了比较，并且认为自己不如别人。

阿德勒认为人生就是朝向目标的运动，他认为活着就是进化，我却认为这种观点是有问题的。如果人生不是进化，它又是什么呢？我认为是变化。**无论是健康的人患病还是患病的人经过康复治疗之后好转，都称不上进化或退化，而是变化。年老同样是变化。即使人们上了年纪后渐渐做不到年轻时能够做到的事情了，这也仅仅是变化而已。**

哀叹之前能做到的事现在做不到了也无济于事，总之，现在只能做现在能做到的事情。

阿德勒在《人为何会患神经症》（*Problems of neurosis*）中说：

> 重要的不是被给予什么，而是如何去利用被给予的东西。

另外，认为自己年轻且无所不能也是有问题的。年轻也有做不到的事，但做不到并不意味着不如别人，我们要接受真实的自己。

前文也提到过，承认自己做不到某些事并不是败北宣言。假如我们确定自己已经不能再像以前那样驾驶汽车了，就应该离开驾驶座。

活在当下，不必用力过猛

芬兰作曲家让·西贝柳斯（Jean Sibelius）虽然获得了世界性的声誉，但他去世前的最后 30 年没有进行任何创作活动。相传直到 92 岁去世之前，他每天都会用高性能的短波信号接收机收听全世界的广播，并以找到自己创作的曲子为乐。

这是否意味着西贝柳斯沉浸在过去的光荣中无法自拔？他是在打发自己的漫漫余生吗？或许西贝柳斯也怀念自己曾经有过的辉煌过往，但他并没有什么成功的执念，只是在体会着可以什么都不做的幸福的晚年时光。这是我听到他的逸事之后的内心想法。

奥勒留也在《沉思录》中说过这样一段话：

> 即便你的人生可以长至三千年或者三万年，都要记住，你能够失去的只有此刻的生活，能够拥有的也只是此刻的生活。因此，至长人生与至短人生完全相同。此刻对于所有人来说都是一样的，即将失去的一切也是一样。很明显，我们失去的就是此刻的一刹那，因为我们不可能失去过去与未来。怎么可能有人能够夺走我们自己都不曾拥有的东西呢？

我们不可能失去不曾拥有的东西，也不可能拥有过去与未来。奥勒留还说：

> 每个人都只能活在当下，失去的也只能是当下。

奥勒留的意思是，人无论能否长寿，都不是问题。他继续说：

> 每个人都活在稍纵即逝的当下，其余的时间要

么已经过去，要么还不确定。

过去“已经终结”，消失无踪。未来尚未到来，或者干脆不存在。它们都是没人能弄明白的不确定之物。奥勒留最后说：

> 我们要将所有的行为当作生命最后的行为……像现在马上就能离开这个世界的人那样，去做，去说，去思考一切事物吧。

无论退休与否，无论人生处于什么阶段，我们都只能活在当下，思考当下。等到上了年纪，或者经历过生死攸关的病痛，大概心头就会掠过这样的想法：也许今年是最后一次看樱花了，也许这是最后一次和家人一起旅行了。我想，奥勒留所说的人生态度是让人抛开人生无常论，把当下活得尽善尽美吧。

人们之所以会对过去之事追悔不已或对未来感到惶恐不安，都是因为没有将当下活透彻。如果能把当下活透彻，就不会再对未来的衰老和死亡感到恐惧。如果人们每天能把能做的事情做好，或许就能在不知不觉中抵达远方，或许就能够长寿。

活在当下有时会被有些人理解为刹那主义，也就是因为明天无从知晓，所以今天快乐就好。但实际并非如此，我们不能忘记，没有谁的人生能离开他者。

人通过工作对他人做出贡献，对于因高龄或疾病不能工作的人而言，活着就是贡献于他人。哪怕是在与他者的关系中长时间苦恼和痛苦的人，也能在某些时刻从与他人的联系中感受到生之喜悦与幸福。

我们总希望自己能在这个世界上为他人做出贡献。我认为，人能够做些大事、留下点什么固然理想，纵然不能成为特别了不起的人，能够有人偶尔记起自己存在过也是好的。希望我们能够放下悲壮感，不必活得用力过猛。

定年をどう生きるか

第 6 章

今后的生活方式

退休以后无论是学习新知识还是重温年轻时学过的旧知识，如果能脱离义务感自由地学，就会感受到每天都是新的一天。

从做家常便饭开始

最后我再提几个关于如何度过退休后时光的具体建议吧。

退休的人，在此前人生中占比很大的工作以及围绕工作产生的人际关系都会发生改变，其他方面的人际关系也会随之不断变化，这时候，我认为，不贸然在所有的事情上都做出巨大改变或许才是明智的做法。比如，退休的人时间充裕了，想学做饭是可以的，但太费周章就有些夸张了。

母亲早逝后，我和父亲两个人一起生活。之前我俩都没有做过饭，所以一开始总是去外面吃。当我们吃遍了周围所有的饭馆之后，很快就感觉外出吃饭不仅麻烦，还容易吃腻。

有一天父亲提出，有个人必须要开始做饭了，可是他用的“有个人”这种说法就意味着他自己并没有打算去做。我那时候还在上学，父亲白天一整天都在工作，最后做饭的任务就落在了我的头上。

母亲去世前我从未做过饭，完全不知该从何下手，如何操作。于是我去书店漫无目的地闲逛时，顺手买来了教做菜的入门书。其中有本书虽然名为《男人的烹饪》，对我却一点用都没有。书里面净是些大费周章的菜谱，如果我要照着它做，得努力做上两天才行。即便如此，我还是开始每天照着那本书做起饭来。有一天做咖喱饭，因为菜谱上写着要用文火炒面粉和圆葱，为了防止炒糊，我按照上面所写整整炒了三个小时。

退休的人下定决心学做菜是好事，但没有必要像我那样每天做那么复杂的饭菜，明智的做法是以做普通饭菜为目标。一开始就想做特别的饭菜的这种想法，看上去与小时候为了得到家长认可而拼命学习很像。

我说要学做普通饭菜可能会引起一些误会，其实我的意思是，从来没做过家务的男性可能根本不知道包括做饭在内的家务活也有非常高的技术含量。

做复杂的饭菜自然需要知识和技术，但能够在家人回家后十五分钟之内做好饭菜的难度明显更高。

如果退休的人学习烹饪，我建议不要做费时间的烦琐的饭菜，而是要掌握那种利用冰箱里储存的材料十五分钟之内就能搞定饭菜的烹饪技术。

不仅是做饭，其他家务也是一样，你想做的话不必等到退休之后。分担家务的方式也很简单，请你尽自己所能在有时间的时候做做就好了。

上班的丈夫回到家里时，妻子也可以对丈夫说："你现在回家了，可以做点家务了。"我想说的是，白天在外工作不是不做家务的理由。

"做家务应该是你的工作吧？"总是这样说的人退休在家的日子或许将不会太好过。这样的人唯一能做的就是请妻子对过去既往不咎，并在今后重新开启人生。

脚踏实地地生活吧

人们构建人际关系的方式并不会因性别产生很大的差异。即便有所不同，也只是因为大家的生活方式存在差异罢了。面对问题时，我们每个人都会用自己从小熟悉的方式去面对和解决，长大以后也是如此。有人不愿认真面对问题，只想找理由逃避；也有人不想去解决问题，而是企图通过操纵和利用他人来解决问题。**阿德勒把这种对待问题的方式称作“生活方式”。**

一个人长大之后依然沿用小时候的方式待人接物，是因为他没有勇气改变从前形成的生活方式。尽管这样的人也感觉旧的生活方式已经不适用了，但是一想到要重新适应与迄今为止不同的生活方式，他们就马上因为无法知道下一秒会发生什么而惴惴不安，于是就一直抱守着从前的生活方式不愿变动。

虽然不能下定论，但男性和女性的思维方式与感知方式可能还是存在差异的。女性的思维方式似乎比男性更脚踏实地，也更扎根于现实生活。

日本文学学者、诗人土岐善麻吕在短歌集《夏草》中写过这么一首短歌：

> 君言可胜利，何似太天真？老妻凄然问，使我无言对。

这首短歌是土岐善麻吕在 1945 年 8 月 15 日于家中有感而发所作。土岐善麻吕自明治至大正[①]年间一直坚持反对战争，但是进入昭和时代以后便开始以新闻记者的身份发表支持战争的演讲。

在那期间，他每天在家下厨的妻子反而始终能根据有限的信息做出与土岐完全不同的正确判断。

我并非要在这里讨论战争，我想说的是，理论必须根植于现实，我们必须脚踏实地地生活。

根据我长期从事咨询工作的经验来看，有些人能够具体地思考问题，而有些人则不能。所谓具体意味着要考虑

① 日本大正时期是指 1912 年 7 月 30 日至 1926 年 12 月 25 日。——编者注

全部条件。

而抽象则是抽取有限条件，以此为基础进行思考。能够将生活或生存本身纳入思考范围的人才能现实地考虑问题，他们不会置身于安全圈里，考虑与自己毫无关系的问题。

不能脚踏实地生活的人接触到某种观点时不会考虑这与自己的人生或生活有何关系。他们擅长逻辑性思维，比如发现一本书中某处内容与另一处自相矛盾。

演讲时也有不少人提出类似的问题。这些人会带着一副“你怎么连这个都不知道”的神情卖弄知识或者提出难度非常大的问题。

这样的人会进入与演讲者的竞争关系中，并开始与演讲者争夺权力。如果演讲者回答不了，他们就会以“你连这都不知道”为理由来贬低对方，抬高自己。他们希望告诉周围的人，提出这种问题的自己才更有价值，但实际上这些问题与演讲者毫无关系。

这种争强好胜的人或只对理论感兴趣的人学习哲学也仅仅是为了掌握知识，而不是希望通过学习改变人生。

其实不仅限于哲学，学习任何知识都可以或多或少地改变人生。可以说，只有不局限于理论层面的学习才是真正的学习。能将知识联系到自身并加以思考的人，才能读得进书，听得进别人说话。

掌握知识与建立人际关系的道理类似。获取知识会使人生发生变化。如果一个人掌握的知识脱离了自己的人生，其思维也会变得与现实格格不入，掌握的知识也会失去实际的意义。人际关系也并非表面功夫，我们中的大部分人必然会在朋友关系与亲密关系中与人产生深层次的关联。不习惯构建这种关系的人退休之后大概会相当困惑吧。

阅读，让人不再孤独

令我吃惊的是，有人虽然自己在读一些关于退休的书，却很少劝别人读书。

有人在年轻时会因为要参加考试而学习和读书，这样的人退休后则可以读一些完全不一样的书。没有什么书是非读不可的，也没有必要为了解书里的内容而快速阅读。无论读什么书，都能在阅读的过程中感受到快乐。

有人退休后闲得无聊，可以肯定地说，读书至少会让这样的人觉得不那么无聊。无论现实多么令人痛苦，读书都可以给人带来一个与现实不同的世界。在阅读中，人们可以忘掉痛苦，获得快乐。这不是逃避现实，因为读书的当下也是现实。

每当听到年轻人问“有没有什么好玩的？”时，我都会不寒而栗。虽然很想告诉他们“还有书啊”，我却没有办法劝说那些不喜欢读书的人去阅读。

读书有改变人生的力量。即便有人一开始读书是为了消磨时间，但当他从读书中体会到哪怕一丁点的乐趣，他每天的生活也会逐渐发生变化。

年轻时很少读书的人即使读书，也只会选择那些实用性的书。但我建议这些人先读一些自己感兴趣的书，然后尽可能地挑战那些被称作经典的书。

还有人说过了五十岁智力就不发达了，就读不了书了，这都是无稽之谈。当阅读那些不能一下子就能读懂的书时，有些人或许会怀疑自己的智力衰退了，但实际上他们年轻时也无法轻松读懂那些书。

话说回来，如果退休的人花时间慢慢品读一本书，对这本书的理解便可能会比年轻时更为深刻，不知不觉间他还甚至会对作者或书中人物产生超越现实的亲密感。

我外出时一定会带上书，因为和别人相约见面时，万一对方迟到了，我还可以读书。很多时候我发现书里的人物比马上要见到的人更有趣，我甚至会因此忘掉自己还与人有约。

上一章我们讨论过孤独，但其实只要体会到读书的乐趣，很多人就不会再那么讨厌一个人生活，也不再会感到孤独了。

脱离义务感，自由地学

《被讨厌的勇气》一书在韩国引进并出版后，我在韩国做演讲的机会也多了起来。我希望自己在演讲时不只会用韩语说几句寒暄语，还能尝试用韩语表达一些观点。

于是我开始跟着韩国老师从初级语法学习，后来又开始读韩语书。年轻时我一直在学习欧美国家的语言，在学习过程中很少出现初级错误，但初学韩语时就办不到了。我发现问题不在于出现错误，而在于我害怕出错。我们都必须具备阿德勒所说的那种“不完美的勇气”。

很早以前我在奈良女子大学教授希腊语时，有个学生拒绝回答问题。我问她，只是将练习题中的希腊语译成日语而已，为什么不愿意回答呢。结果这个学生说害怕答错了被老师认为能力不行。可是只有了解学生哪个地方没学会才能更好地教他们，所以我跟她保证即便答错了也绝对不会认为她能力不行。学生在我诚恳的保证下才终于能心平气和地回答问题，她的能力也随之得到了提高。我发现初学韩语的自己跟这个学生是一样的。

人在年轻时会有很多被别人纠正问题的机会，随着年龄增长，这样的机会会越来越少。我想即便人们不学语言，学习其他新事物也一样。能得到他人的指正不仅有利于学习，还能防止骄傲自满。

人们在学习一门新语言时不要总想着将所学知识应用到工作中，哪怕一个句子也好，如果体会到阅读原文的喜悦，学习也会越来越快乐，不再是义务了。阅读也是一样，人们在读书读到忘记时间时，每一天大概也就不会再那么无聊了，甚至还会发自肺腑地感慨：有时间是多么值得庆幸的事。

退休后无事可做时，很多人就会以上了年纪、记忆力衰退为由不再学习新事物。实际上他们如果能像学生时代一样认真学习，大多数新事物都是可以掌握到一定程度的。

退休的人将记忆力衰退当成不学习的理由，是因为害怕得不到好的结果。如果做不到，实事求是地接受这个做不到的自己就好——我建议大家这样想，也这样做。

对于阅读而言，即便退休的人记忆力真的衰退了，也可以掌握和年轻时不一样的阅读方法。相信我，只要退休的人坚持阅读，哪怕从练习题中摘录的一段古典文章中也可以读到和年轻时不一样的东西。

我教授希腊语的班级里就曾经有年纪大的旁听生。当时我年纪尚轻，那个旁听生比我年长且知识丰富，最后反而受教良多的人是我。那时我的学生们四月才开始学字母表，到秋天就能读柏拉图的《苏格拉底的申辩》了。要知道柏拉图的这本书绝不是写给初学者的，而且即便是非初学者也很难轻松阅读。我就是从年长的旁听生身上学会了如何深入解读文本的。

年纪增长本身并不能使人变得聪明，我希望能有机会和年轻人一起学习，也希望对年轻人有所贡献。

本节内容是关于如何学习新事物的，前面我写过退休要学着“从什么都不做开始”。年轻时学习新知识，很多人首先想到的或许是对自己是否有用，或者有一种不得不学的义务感。“从什么都不做开始”意味着摆脱了义务感，我们只需单纯地与知识产生联系，从自己想学的事物开始学起。

奥地利诗人赖内·马利亚·里尔克（Rainer Maria Rilke）曾将自己的作品寄给青年诗人弗兰斯·克萨危尔·卡卜斯 (Franz Xaver kappus)，请他批评指教。但卡卜斯却建议他今后不要再做请他人批评这种事，还说既然一定要写诗，写就好了。卡卜斯的这话是一并讲给那些顾虑重重的诗人听的。那些诗人会非常在意别人如何评价自己的作品，还会担心作品被送到出版社后被拿去和别人的诗做比较，甚至干脆被退稿。

卡卜斯所说的“一定要写”也可以译成“必须写”，但这绝不意味着因义务感而写，而是指发自内心地创作。

退休以后无论是学习新知识还是重温年轻时学过的旧知识，如果能脱离义务感自由地学，就会感受到每天都是新的一天。

前文讨论的阅读也是一样，如果能做到发自内心地读书，你的人生也绝不会无聊。

援助他人并获得贡献感

我们在学习新事物时即使遇到困难也不必悲观。

我父亲以前时常带着电脑来找我学习操作方法。现在的电脑更容易上手了，但在当时，人们使用电脑还是有些难度的。我很高兴能助父亲一臂之力，帮助他迎接新挑战。

拉丁语中有句话是“教别人的同时自己也在学习”，说的就是“教学相长”。如果教人时被问到自己不懂的问题，我们就正好可以查漏补缺。总之，要教授别人，我们自己也必须会。

教别人学习会让自己获得贡献感。为了学电脑来找我的父亲就帮我获得了贡献感。从这个角度考虑，年老的人遇到不懂的问题不必犹豫，多向年轻人请教就好了。

但是受教的一方不应该将别人教自己视为天经地义，更不应该因为自己理解不了而迁怒于人。如果受教一方指责别人教得不好，那下次大概就不会有人愿意教他了。

家长当然也可以教孩子一些知识，只是要注意避免说教。只要孩子不主动发问，家长最好就不要主动开口。

家长可以平时多说：“有什么我能帮上的尽管开口。”但如果别人没张口，家长就什么都不要说，这是原则。

我发现来咨询的孩子提出的问题，家长未必都能答得上来。其实家长只需拿出帮孩子一起想办法的态度就够了，时机合适时也可以谈一下自己遇到相同状况时的经验。归根结底，家长只能提出自己的想法供孩子参考，最后拿主意的还得是孩子。所以即便意见不被采纳，家长也没必要生气说什么“既然如此，干吗还要来问我”之类的话。

写到这我才突然发现，向我请教电脑问题的父亲当时想的或许是：如果不以学电脑为由头，就没理由来打扰他了。他之所以认为拜访自己的孩子还需要特别的理由，大概是受年轻时习以为常的“价值在于生产性”的观念影响吧。

我的建议是，想见家人时只需去见就好，不需要什么理由。住院期间，有人会以怕患者无聊为由前去探望。我们大概并不希望和这样的人做朋友，而是希望和因真正担心自己而火速赶来的人做朋友。

如果长辈想见自己的儿孙，或者反过来，儿孙想见长辈，去见就好了。如果对方不给好脸色（我觉得不会出现这种情况），马上回去就完了。

只为今天而活

我们围绕退休做出了诸多思考。其实，**思考退休归根结底是在思考人生**。退休后特有的问题确实存在，但大部分问题是我们人生其他阶段也需要面对的。只不过年轻时的我们会觉得日子还长，可以留到以后再想，退休后的我们则开始感觉时间变得紧迫罢了。

但是如前文所述，无论年轻时还是退休后，我们都只能活在当下。总之，早上睁开眼，我们就只是在为今天而活，能做的仅此而已。

另外需要特别注意的还有一点：**人的价值不在于生产性，而在于活着本身**。看到一岁的小孙子时，我们都会由衷地感慨活着真好。**每个人应该都曾有过什么都不需要做就能感觉活着真好的时光，在这段时光中，并不需要为过去的事情懊悔，也不需要为未来感到担忧**。

不必懊悔也不必担忧，认真过好今天，这才是我们能做到的事情吧。

阅读参考书目

Adler, *Alfred, Adler Speaks: The Lectures of Alfred Adler,* Stone, Mark and Drescher, Karen eds., iUniverse Inc., 2004

Burnet, J. ed., *Platonis Opera*, 5 vols., Oxford University Press, 1899—1906

Rilke, Rainer Maria, *Briefe an einen jungen Dichter*, Insel Verlag, 1975

Ross, W.D.(rec.), *Aristotle's Metaphysics*, Oxford University Press, 1948

アドラー，アルフレッド，“人生の意味の心理学（上）”，岸見一郎訳，アルテ，二〇一〇年

アドラー，アルフレッド，“個人心理学講義生きることの科学”，岸見一郎訳，アルテ，二〇一一年

アドラー，アルフレッド，“人生の意味の　心理学（下）”，岸見一郎訳，アルテ，二〇一〇年
アドラー，アルフレッド，“人はなぜ神経症になるのか”，岸見一郎訳，アルテ，二〇一四年
岡潔，“春宵十話”，KADOKAWA，二〇一四年
岸見一郎，“アドラーに学ぶよく生きるために働くということ”，KKベストセラーズ，二〇一六年
岸見一郎，“シリーズ世界の　大思想プラトンソクラテスの弁明”，KADOKAWA，二〇一八年
岸見一郎，“本をどう読むか”，ポプラ社，二〇一九年
岸見一郎，“１００分ｄｅ名著マルクス·アウレリウス‘自省録’”，二〇一九年
岸見一郎，古賀史健，“嫌われる　勇気”，ダイヤモンド社，二〇一三年
岸見一郎，古賀史健，“幸せになる勇気”，ダイヤモンド社，二〇一六年
ソポクレス，“オイディプス王”，藤澤令夫訳，岩波書店，一九六七年
多田富雄，“寡黙なる巨人”，集英社，二〇〇七年
辻邦生，“薔薇の沈黙リルケ論の試み”，筑摩書房，二〇〇〇年
ヘロドトス，“歴史（上）”，松平千秋訳，岩波書店，一九七一年
三木清，“人生論ノート”，新潮社，一九七八年，KADOKAWA，二〇一七年
森有正，“いかに生きるか”，講談社，一九七六年

未来，属于终身学习者

我们正在亲历前所未有的变革——互联网改变了信息传递的方式，指数级技术快速发展并颠覆商业世界，人工智能正在侵占越来越多的人类领地。

面对这些变化，我们需要问自己：未来需要什么样的人才？

答案是，成为终身学习者。终身学习意味着永不停歇地追求全面的知识结构、强大的逻辑思考能力和敏锐的感知力。这是一种能够在不断变化中随时重建、更新认知体系的能力。阅读，无疑是帮助我们提高这种能力的最佳途径。

在充满不确定性的时代，答案并不总是简单地出现在书本之中。“读万卷书”不仅要亲自阅读、广泛阅读，也需要我们深入探索好书的内部世界，让知识不再局限于书本之中。

湛庐阅读 App：与最聪明的人共同进化

我们现在推出全新的湛庐阅读App，它将成为您在书本之外，践行终身学习的场所。

- 不用考虑“读什么”。这里汇集了湛庐所有纸质书、电子书、有声书和各种阅读服务。
- 可以学习“怎么读”。我们提供包括课程、精读班和讲书在内的全方位阅读解决方案。
- 谁来领读？您能最先了解到作者、译者、专家等大咖的前沿洞见，他们是高质量思想的源泉。
- 与谁共读？您将加入优秀的读者和终身学习者的行列，他们对阅读和学习具有持久的热情和源源不断的动力。

在湛庐阅读 App 首页，编辑为您精选了经典书目和优质音视频内容，每天早、中、晚更新，满足您不间断的阅读需求。

【特别专题】【主题书单】【人物特写】等原创专栏，提供专业、深度的解读和选书参考，回应社会议题，是您了解湛庐近千位重要作者思想的独家渠道。

在每本图书的详情页，您将通过深度导读栏目【专家视点】【深度访谈】和【书评】读懂、读透一本好书。

通过这个不设限的学习平台，您在任何时间、任何地点都能获得有价值的思想，并通过阅读实现终身学习。我们邀您共建一个与最聪明的人共同进化的社区，使其成为先进思想交汇的聚集地，这正是我们的使命和价值所在。

图书在版编目（CIP）数据

更好的初老人生 /（日）岸见一郎著；蔡鸣雁译 . 杭州：浙江科学技术出版社，2024.12. — ISBN 978-7-5739-1638-9

Ⅰ. B821-49

中国国家版本馆 CIP 数据核字第 2024CH2739 号

书　名	**更好的初老人生**
著　者	[日] 岸见一郎
译　者	蔡鸣雁

出版发行	**浙江科学技术出版社**
	地址：杭州市环城北路 177 号　邮政编码：310006
	办公室电话：0571－85176593
	销售部电话：0571－85062597
	E-mail:zkpress@zkpress.com
印　刷	唐山富达印务有限公司

开　本	880mm×1230mm　1/32	**印　张**	6
字　数	118 千字	**插　页**	1
版　次	2024 年 12 月第 1 版	**印　次**	2024 年 12 月第 1 次印刷
书　号	ISBN 978-7-5739-1638-9	**定　价**	69.90 元

责任编辑	陈　岚	**责任美编**	金　晖
责任校对	张　宁	**责任印务**	吕　琰

HEERS
古

更好的初老人生

定年をどう生きるか

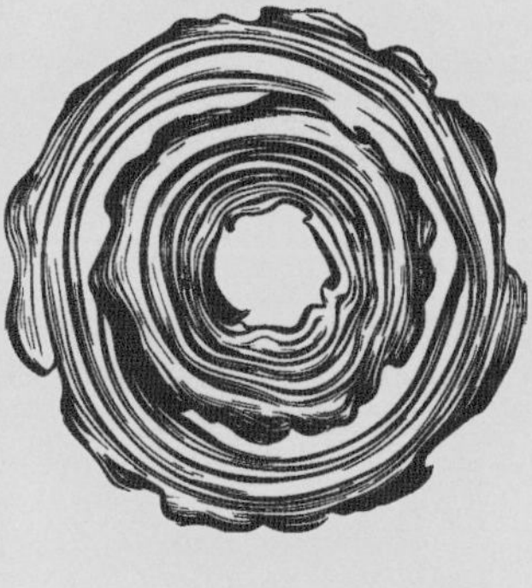

[日]岸见一郎 著

向阿德勒学习，重新审视人生，
获得直面人生下半场的智慧。

导读手册

深度导读

精彩观点

《更好的初老人生》深度导读

灿烂初老的人生姿态

王一方
北京大学医学部退休教授（正值初老期）

从日文书名看，这本书关涉“退休”境遇的适应、重启与重振。

退休，顾名思义就是某君的生命年轮抵达某一刻度，身心不再适应紧张的职场生活，退回闲适的家庭生活，休养生息，安度晚年。对于有光辉履历或特殊奉献者，另有一个荣耀的称谓：离职休养，简称“离休”。

离与退，在现实中不仅待遇上有差别，更主要的是在声名上有臧否。离职颇为体面，退休则有“求其次”的意思。退缩、退避、退堂鼓都是消极的词汇；但退而结网、以退为进，似乎颇有些战略迂回的姿态。

延时退休，适应长寿时代

退休，本质上是一项现代劳动保护制度，也是一项社会福利制度，某君工作到一定年限，就离开繁忙劳碌的职场生活，领取一份退休金，徜徉夕阳度余生，无须再去职场效力奋斗。既然是一项制度，就是人为设定的，譬如退休年龄，之前“女性55岁（或50岁），男性60岁”被划定为退休年龄，而如今，人们的平均年龄早已超过80岁，“迈入99岁，跨越100岁”已经不再稀罕。

所以“55岁、60岁”的退休年龄设定遭到越来越多的质疑，其中的原因有两个：一则现代人的劳动保护、营养、医疗保健条件相对优越，到了55岁、60岁时身体功能尚佳，没有抵达非退不可的临界点；二则长寿社会的福利政策支撑出现危机。大家可以简单盘算，退休金也罢，养老金也罢，都是羊毛出在羊身上，是某君职场工作时期劳动价值的预存。如果退休的人领取退休金、养老金的年限延长，势必透支预存的福利储备金，并最终削弱福利政策的效用。长寿社会的“痛”就是人的创价时长（30到35年）短于其消费时长（25年以上）。比如一位大学生

25 岁（硕士和博士更长）投身职场，工作打拼 30 年（创价时期），退休后再生活 25 年或更长。因此，各国政府都在谋划或行动，适当延长退休年限，以适应长寿时代。

退而结网，蓄势再发的灿烂初老

在现代医学的襄助下，人类衰老的步伐在延缓，人生度百年不是梦，而是真真切切的现实，因此，人们在 60 岁以后的人生不仅漫长，而且不能虚度，于是乎人们有了老年再分期的念头：60 岁到 65 岁不算老，65 岁到 75 岁才是“初老”，75 岁到 85 岁为“中老”，85 岁之后叫“深老”。

大部分人在初老期都可以退而不休，持续服务社会，创造价值。君不见，褚时健 70 岁才自主创业，一批老院士 90 岁仍然活跃在科研一线，一旦沉浸在有目标、有内容、有意义的生活中，人们往往就会深切体会到“职场荷尔蒙”的神奇疗效，他们一方面可以品味夕阳之美，对冲“失意”“失落”的人生沮丧，另一方面还可以延缓阿尔茨海默病的发病，何乐不为。

AI 世代的降临，为人类的创价生活带来新的冲击，也为初老生活带来新的挑战和契机，“退避三舍”不是应有的姿态，“退而不休”的强力拼搏也非良策，正确的策略必定是“退而结网”，也就是蓄势再发，努力逾越数字鸿沟，打开职场新脑洞，将丰富的人生阅历融汇其中，提升软实力、巧实力。在此，我衷心祝愿：大家能在初老生活中绽放出更加灿烂的生命智慧与财富光芒。

人生尚在长途中，诸君仍需跋涉……

从个体处境出发，理解老龄社会

马旗戟
老龄社会 30 人论坛成员、盘古智库老龄社会研究院院长

岸见一郎先生的《更好的初老人生》，是一本“小书”。所谓“小书”，这是我个人喜欢的对一类书的称呼，它们大多文词清练、语言平和，讲述悠长生活中平淡的事情，内容没有大道理，阅读能让读者产生小共鸣，而且篇幅中等，一个午间时光伴着咖啡就可以读完。《更好的初老人生》就是这么一本小书。

这本书，从书名就可以知道，讨论的是初入退休年纪的人们的生活，很像是一本“初老新手指南”，谈论了许多发生在这个期间的细微变化，以及这些变化所带来的点滴启示与应对方法。岸见一郎先生思考的是“人为什么活

着”和“应该怎样活着”这两个哲学命题，他引用了柏拉图、奥勒留等先哲的语录，并把著名心理学家阿德勒理论作为思想依据和思维范式。尽管书中有很多理论的支撑，但我们读起来毫无艰涩难解之感，如春茶一杯，秋阳一抹，沁人心神，极其轻松愉悦。

东亚文化下的老龄话题

如果“老”只有一年、一月甚至只有一周或一天，讨论初老是没有多大意义的，因为没有长度的生命只是一种概念。之前跟朋友谈论到退休和老龄化话题，我曾脱口说出“把每一天当作余生的第一天来过”这样的句子，大家觉得很诗意，今日我却在岸见一郎先生的作品里找到了共鸣。这本书探讨的就是人们在有预期寿命却无法预知个人寿命的情况下，今日之于既往人生与未来生活的关系。

显然，初老话题也只有在进入到现代老龄化时代才具有谈论的实质价值。日本在这方面比中国早大约 20 年左右，日本老人特别是知识分子自然也会比我们更早关注和讨论这方面的话题，并有更多的感悟。考虑到东亚文化传统的某种相似性，他们的体验与心得较西方更易于被我们理解和接受，无论它是基于哲学思考还是社会性实践。

即便不谈千年历史，中国经济与社会过去数十年的快速发展在相当意义上是由中青年群体主导的，劳动力、家庭、文化、时尚、财富等等的运用与积累均是如此，所形成的主流思潮和思维也是如此。老龄（及退休）主题虽然一直牢牢占据着传统道德、伦理和公共事务的一角，却并未能够影响绝大多数人的人生。但这一状况在 21 世纪初被打破，到了 21 世纪 20 年代更是发展到开始影响国家战略、社会治理和经济发展的程度。

个体视角下的老龄社会

当中国的国民预期寿命延长至 80 岁左右，每年出现 2000 万新晋老年人，总规模达到 3 亿至 4 亿老人的时候，从“晚、中到初老”的关注点转换，就不单关乎个人生命历程的挑战与体验，也变成了一个老年生命启蒙的国民话题，它实际上考验的是一个国家、一个民族和一个社会的人生观、世界观和价值观的建构是否完备与开放，这也是这本小书作者言及的要思考“人为什么活着”和“应该怎样活着”的原因。

我们从个人家庭和日常周边的生活经历，可能不难理解和体会，大部分中国老人尚未解决好初老人生的转换，遑论更好的初老人生了，这其中有宏观文化建构与经济建设的原因，同时不可忽略的的是，我们一直缺乏看待初老的个体视角，即我们很少从个体的处境，也就是具体每一位老人的境遇出发，讨论公共文化传统。

过去 20 年，日本公共知识分子在这个领域为我们贡献了众多优秀作品，比如你眼前的这本《更好的初老人生》。作为一个关注老龄社会的研究者，我也期待中国可以出现同样优秀的作品。

创造更好的初老人生，往小了说，是每一个进入老年阶段的人都要面临的事情，设计得当，我们就可以让自己的老年生活更充实和精彩；往大了说，它又是所有人能否从年轻社会平滑顺利地过渡到老龄社会的重大考验，是年轻人准备迈向人生下一阶段，为人生创造、美好环境而努力的的崭新开始，是整个社会携手走向“完善人生、幸福终老”的开始。

希望已老和将老的朋友们都来读一读岸见一郎先生的这本好书，真诚推荐！

《更好的初老人生》精彩观点

关于衰老

定年をどう生きるか

- 终于不必再像从前那样拼命爬坡了，今后可以将双脚离开脚蹬，让自行车沿着坡路滑行了——如果能这样想，老年生活可能会更加轻松。

- 初老人生无法做到某些事并不意味着我们比年轻时衰弱，我们完全可以换一种方式发挥自己的作用。

- 退休并不是划分人生价值优劣的节点，就像冬季并不比其他季节差，冬季有冬季的好处，不能拿它的缺点与其他三季的优点相比较。

- 如果能把当下活透彻，就不会再对未来的衰老和死亡感到恐惧。如果人们每天能把能做的事情做好，或许就能在不知不觉中抵达远方，或许就能够长寿。

关于规划

定年をどう生きるか

- 我有时会劝人干脆不要做人生规划，因为未来不可预见外；如果制订计划，现在就会变成未来的准备阶段。然而，无论能否取得某种成功，人都只能生活在此时此地。

- 我母亲就曾经对我说：“等你们都长大了，我就和你们的爸爸一起去旅行。”然而，母亲在四十九岁那年因脑梗死病倒，旅行计划也因此搁置了。当时早已“长大”的我不无遗憾地想，假如母亲有这个念头时能立即付诸行动该多好。

- 我们应该考虑的不是现在不必思考的事情，而是眼下必须思考的事情，这就是在为退休后的生活做准备。

- 运动有两种类型，直线运动和环形运动。直线运动必须抵达终点才能完整，比如马拉松运动。而环形运动则像跳舞一样，每时每刻都是一种完成。人生更像跳舞。

关于人际关系

- 阿德勒的思想中尤其值得关注的是：一切人际关系都应该是对等的。要想彼此对等，就必须将人本身的存在和生命视作人的价值。头衔和社会地位在家里已经不再适用，自然也就完全没有意义了。

- 我们必须在退休前就明白，以地位高低来看待人际关系本来就是错误的，如果你在上班时过分看重自己的头衔和社会地位，退休回到家后也请一定要抛下它们。

- 工作时建立的人际关系与退休后建立的人际关系实际上并没有太大的区别。虽然退休的人离开了公司，失去了职位，但是他们在工作中建立的人际关系是有可能保持的，特别是基于深厚的友谊的工作关系。

- 即便是害怕或避免涉足人际关系的人，也会在不知不觉中寻求人与人之间的联结，事实上不会有谁能完全独立于他人生活。尽管人际关系有可能出现暂时的恶化，我们在努力修复和改善人际关系时也可以给人生带来喜悦。

关于人生价值

定年をどう生きるか

- 我们要做到不以生产性衡量人的价值。人的价值不在于做什么，而在于活着本身。

- 人并不需要与众不同，普普通通就好了。“普通”并不意味着平庸，它指的是做真实的自己。

- 无论做什么或不做什么，活着本身就是在工作。这样想来，退休的人只是不再像以前那样去上班了，而并非不再工作了。

- 人能够做些大事、留下点什么固然理想，纵然不能成为特别了不起的人，能够有人偶尔记起自己存在过也是好的。希望我们能够放下悲壮感，不必活得用力过猛。

关于工作

定年をどう生きるか

- 退休只是不再做之前的工作了，它不仅不是人生的终点，还是新开始的契机。如果有人从前觉得不做点什么心里就过不去，退休也可以是开始什么都不做的契机。

- 退休只会让人在家中的角色发生改变，即便不像在职时那样工作，也并不会失去自身的价值。辞掉工作以后必须做点什么才能找到人生价值，持有这样的想法的人其实是无法摆脱工作的魔咒。

- 我认为工作的目的在于他者贡献。人若想接受真实的自己，就必须拥有贡献感，这种贡献感需要通过工作获得。一个拥有贡献感的人，能认可自己的价值，也能走进人际关系中，继而获得幸福感。

- 倘若一个人从事的工作是年轻时就想做的，并且他一直以来都能从工作中感受到喜悦，那么即便退休后他不得不为了生活继续工作，也依然会感受到喜悦，而不会认为自己只是工作的奴隶。

- 教我做心理咨询的老师曾说我能让人感到舒缓放松，在当时，是这位老师让我看见了自己拥有的才能。

- 如果前来找我做心理咨询的人说自己缺乏专注力，我就会告诉对方，他并非缺乏专注力，而是拥有发散力。有人说自己没有常性，我会告诉他这不是没有常性，而是有决断力。

- 当一个人知道现在做的事情不适合自己时，必须下定决心改弦更张，否则就是徒然浪费时间。比如你买了一本价格昂贵的书，却发现它不适合自己，那就必须拿出勇气把书合上。

- 一个人如果有才能，我希望他能把自己的才能贡献给他人。我写书时想的是，哪怕我的书只被送到一个应该被送到的人手里，并且能够改变那个人的人生，也是好的。

关于幸福

- 幸福是存在，成功是过程。人若想获得成功，就必须完成某项事业。但就算什么都没有完成也可以是幸福的，活着本身就是幸福的。

- 看上去是弯路的路并不是弯路，只是现在正在走的路而已。

- 我认为的幸福是与他人之间的牵绊，以及为他人做出的贡献。

- 每个人应该都曾有过什么都不需要做就能感觉活着真好的时光，在这段时光中，并不需要为过去的事情懊悔，也不需要为未来感到担忧。

- 年轻时我一直在学习欧美国家的语言，在学习过程中很少出现初级错误，但后来初学韩语时就办不到了。我发现问题不在于出现错误，而在于我害怕出错。我们都必须具备阿德勒所说的那种“不完美的勇气”。

- 学习任何知识都可以或多或少地改变人生。可以说，只有不局限于理论层面的学习才是真正的学习。能将知识联系到自身并加以思考的人，才能读得进书，听得进别人说话。

- 要想把学习坚持到底，学生需要发自内心地认为学习是快乐的，且了解未知事物的过程是令人兴奋的。我们小时候不就是这样的吗？我们常常带着强烈的好奇心询问父母，或者想自己动手了解并探究问题。

- 读书有改变人生的力量。即便有人一开始读书是为了消磨时间，但当他从读书中体会到哪怕一丁点的乐趣，他每天的生活也会逐渐发生变化。

关于归属感

定年をどう生きるか

- 斯多葛学派的哲学家曾经说:“每个人都是‘世界公民’。”人属于世界，再进一步说，人属于宇宙。从这个角度看，没有归属的人是不存在的。

- 一个人所属的共同体不可能只有公司，因而不在公司工作以后也不可能完全失去归属。

- 存在感和归属感可以说是人的基本欲望和诉求，但是许多人似乎并不明白如何才能找到它们。有人试图通过故意招人反感的方式找到自己在家中的位置，可这只会让他变成一个越发令人敬而远之的尴尬存在。

- 即便你失去了归属感，只剩一个人，或者说即便你摘掉面具生活，遇到的也并不全是可怕的事情，因为今后你可以用全新的方式生活了。

关于孤独

定年をどう生きるか

- 一个人生活未必会感到孤独。

- 有些人退休后只要独处，就会感到孤独。这不仅仅是因为不需要再工作了，还因为他们一直把工作看成一切。

- 两个人在一起虽然更快乐，但一个人也能生活，这才是真正意义上的独立。

- 有人说孤独、悲伤、寂寞等消极情绪会在闲暇时涌上心头，所以要有意识地让自己忙起来。我的建议不是要让自己忙起来，而是要让自己的生活变得充实，从而无暇考虑将来的事情。